치맥, 삼겹살 다이어트

맘껏 먹고 살 빼는 과탄단 분리식단

치맥, 삼겹살 다이어트 – 맘껏 먹고 살 빼는 과탄단 분리식단

1판 1쇄 인쇄 2023년 3월 15일
1판 1쇄 발행 2023년 3월 27일

지은이 일보접근
일러스트 조아진
펴낸곳 도서출판 비엠케이

편집 상현숙
디자인 아르떼203
제작 (주)재원프린팅

출판등록 2006년 5월 29일(제313-2006-000117호)
주소 121-841 서울시 마포구 성미산로10길 12 화이트빌 101
전화 (02) 323-4894 **팩스** (070) 4157-4893
이메일 arteahn@naver.com

값은 뒤표지에 있습니다.
ISBN 979-11-89703-55-4 13590

치맥, 삼겹살 다이어트

맘껏 먹고 살 빼는 과탄단 분리식단

일보접근 지음

Book
magazine&publishing

치맥, 삼겹살로 날씬해진 이야기라고?

책 제목이 하도 어처구니없어서 '일단 목차만 훑어보자'는 마음이 이 책을 집어 들도록 했을까요. 목차를 훑어보고도 미련이 남아 어느새 프롤로그까지 읽게 된 독자님께, 우선 축하의 박수를 드리고 싶습니다. 저 역시도 '어디 빠지나 보자'는 심보로 시작하게 된 다이어트였으니까요. 그러다 본의 아니게(?) 10kg이나 감량을 하게 되었고, 이렇게 책까지 내게 되었지요. 정말 사람 일 모른다는 말이 딱 맞는다는 생각입니다. '작가'가 될 줄도 몰랐지만, 첫 책이 다이어트 책이 될 줄도 몰랐거든요. 모태 비만인으로 40년을 넘게 살아온 저였으니 말이죠.

그간 실패했던 다이어트 방랑기를 풀어 보자면 책 한 권은 나온다고 입버릇처럼 떠들고 살았는데, 정말 말이 씨가 되어 버린 상황입니다. 치킨을 두 마리씩 뜯고, 삼겹살을 정육점 사장님보다 많이 먹으며 살을 뺐으니 책을 안 쓸 수가 없었어요. 그동안은 다이어트 실패의 주범으로 낙인찍혔던 음식들이었으니까요. 한여름 밤의 시원한 맥주와 바삭한 치킨을 참지 못해 실패하고, 삼겹살에 소주 한잔 곁들이는 회식을 빠져나오지 못해 실패한 슬픈 과거가 저에게만 있는 것은 아니겠지요. 다이어트만 할라치면 밥 사주겠다, 술 사주겠다는 사람들은 왜 그리 많아지는 겁니까. 마치 온 세상이 저의 날씬함을 강력히 반대하는 듯한 이상한 기운을 저만 느끼고 살았나요?

환경이 받쳐 주질 않는다며 '이번 생은 뚱땡이로 살다 가겠노라' 자포자기할 무렵, 마지막 인생 다이어트를 만났습니다. 매번 저를 굶기기만 했던 기존의 다이어트와는 달리, 실컷 먹여(?) 주는 다이어트라길래 덜컥 시작했지요. 치킨, 맥주, 삼겹살, 소주는 물론이고, 과일, 빵, 국수까지 배불리 먹어도 살이 빠지는 다이어트라는데 한 번쯤 속아 주고 싶었달까요. 수많은 실패 이력에 겨우 +1만 하면 되는 건데 밑지는 장사는 아니라는 계산이었지요. 게다가 '실패의 주범'들이 오히려 '감량의 일등 공신'이라고 하니 말이에요. 처음엔 저도 얼떨떨했습니다. 어제까지 눈 흘기던 적군과 갑자기 러브샷을 하라니…… 하지만 '신나게 먹고 뜯어야 빠진다'길래 정말 내일이 없는 사람처럼 실컷 먹었습니다. 그러다 보니 40여 년 인생에 유일하게 성공한 다이어트가 되어 주었네요.

그리고 마음도 함께 치유되었습니다. '오늘도 +1kg이겠구나.' '내일 아침엔 바지 허리가 안 잠기겠지.' 하는 불안함이 없어졌다는 것이 정말 행복합니다. 이젠 실컷 먹어도 걱정 없는 식사법을 잘 알고 있으니까요. 어디 그뿐인가요. 개미허리를 가진 홈쇼핑 진행자가 어서 080 버튼을 누르라고, 오늘만 이 가격이라고 재촉해 대도 저의 지갑은 열리는 법이 없지요. 광고인지 정보인지 헷갈리는 TV 프로그램 속 '기적의 식품'에도 흔들리지 않는 줏대는 덤입니다.

머리 좋은 연구원들이 발견했다는 체지방 분해 성분도 해결해 주지 못했던 저의 뚱뚱함은, 아이러니하게도 음식으로 해결되었습니다. 칼로리를 계산할 필요도, 그램 단위의 무게를 잴 필요도 없이 그저 하루 세끼, 먹고 싶은 만큼 실컷 먹으면 되는 이 방법은, 어쩌면 다이어트 보조제를 만들어 내는 유명 기업이 싫어할지도 모르겠네요. 하지만 그들의 제품이 정말 인류의 뚱뚱함을, 아니 적어도 저의 뚱뚱함만이라도 해결해 주었다면 제가 이 책을 쓸 일은 없었겠지요.

체중 앞자리가 5로 바뀌던 날은 지금도 잊히지 않습니다. 초등학교 5학년 무렵 잠시 스쳐 갔던 5였거든요. 제2의 탄생일로 지정할 만큼 저에게는 역사적인 날이지요 하지만 책을 마무리할수록 걱정이 커졌습니다. 하필 제가 태어난 이곳 '대한민국'에는 날씬함에 대한 엄격한 잣대가 있으니까요.

"겨우 59kg, 55 사이즈가 쓴 책을 누가 읽어 주겠어?"
"사람들 눈엔 내 몸이 여전히 뚱뚱해 보일지도 몰라."
"세상이 먹지 말라던 음식들로 10kg을 뺐다는 말을, 과연 믿어나 줄까?"

다 써 놓은 책을, 없던 일로 해야겠다며 매일같이 망설이던 어느 날, 한 여인이 제 눈앞에 나타났습니다.

울면서 먹어야 했던 그 여인

〈식탐〉이라는 제목의 TV 다큐멘터리 속 여인은 매우 분주해 보였습니다. 싱크대 앞에 선 채로 밥 한 솥을 허겁지겁 먹어 치우더니, 이어서 라면을 또 한 냄비 끓여 먹었습니다. '먹는다'는 표현보다는 식도 안으로 '밀어 넣는다'는 표현이 더 어울릴까요. '대식가인가' 하고 무심히 채널을 돌리려던 차, 한 장면이 저를 잡아끌었습니다. 그것은 눈물을 뚝뚝 흘리며 음식을 욱여넣는 그녀의 모습이었어요. 출산 후 뚱뚱해진 몸, 힘겹기만 한 육아, 그 외 자신을 둘러싼 여러 불만족과 공허함을 해결할 수단으로 그녀는 폭식을 택한 듯했습니다. 의지가 약해서, 식탐이 강해서라며 모든 탓을 자신에게 돌리던 그 여인은, 화장실로 달려가더니 먹었던 음식을 모두 토해냈습니다. 마치 정해진 일상처럼.

'저 여인 한 명만이라도 도울 수 있다면, 이 책은 의미가 있을 수도……'

그녀에게 달려가 한 상 푸짐하게 차려 주고 싶었습니다. 편히 앉아서 실컷 먹으라고, 그래도 살이 빠지는 방법이 있다고 알려주고 싶었어요. 그런 저의 오지랖이 이 책을 끝까지 쓰도록 했습니다.

다이어트 성공 후 가장 큰 삶의 변화는 무엇일까요. 당연히 '원하는 옷을 마음껏 입는 일상'이나 '예뻐졌다는 칭찬'이라고들 생각하시겠지요. 그것도 맞는 답이긴 합니다. 하지만 제가 꼽는 진짜 정답은 '감사함'이에요. 팔다리 어디 하나 불편함 없이 태어난 신체임에도 불구하고 단지 뚱뚱한 몸이라는 사실 하나로 모든 감사함을 뭉개 버리고 살아왔거든요. 누구나 자기 손톱 밑 작은 가시가 제일 고통스러운 법이니 저라고 별수 없었다고 하면 핑계일까요. 다행히도 '보통의 몸'을 갖게 된 후 깨달을 수 있었습니다. 살이 빠져서 감사한 것이 아니고, 원래부터 감사한 삶이었다는 것을요.

이 책을 선택한 독자님만큼은 짧은 길을 빙 둘러 가지 않도록 하고 싶었습니다. 그래서 가족들에게도 숨겨 온 저의 흑역사까지 모두 고백했습니다. 부끄러움은 저의 몫으로 남더라도 누군가에게는 전성기로 가는 지름길이 되길 바라는 마음으로 그간의 과정을 허심탄회하게 풀어 놓고자 합니다.

차 례

제3장 드디어 범인 체포

제4장 섞지 않는 식단의 위력, -10kg!

제5장 무소의 다이어터처럼 혼자서 가라

제6장 이번 생은 홍했어!

부록 과탄단 -10kg 레시피

제1장

따귀 맞은 영혼

1. 같은 배에서 나온 거 맞아?

도시락 반찬은 늘 단출했다. 단무지, 멸치, 마늘종 볶음 정도에 싸구려 햄 서너 조각 들어 있는 날이 종종 있었을 뿐이다. 요즘 반찬집 메뉴로 치자면 '웰빙 건강 메뉴'쯤 될까, 딱히 어느 것 하나 살찔 만한 것은 없었다. 하지만 슬프게도 나는 늘 뚱뚱한 아이였고, 그걸 처음 깨달은 건 아이러니하게도 모두가 기쁘고 즐거운 유치원 입학식에서였다.

몸에 맞지 않아 세탁소에 맡겨 특별히 늘려 놓은 원복을 입고 간 그날, 같이 입학한 동갑내기 아이들은 왠지 모르게 나보다 한참 작았다. 내가 1이라면 그들은 2분의 1이었달까.

내가 유치원생이던 1980년대 초반은 지금처럼 아동복 구색이 변변치 않았다. 다양한 디자인과 폭넓은 사이즈로 나오는 지금과는 천지 차이였다. 더구나 또래보다 한참 큰 내 체격에 맞는 사이즈를 입기 위해서는 귀여운 캐릭터나 알록달록한 디자인은 일찌감치 포기해야 했다. 그러다 보니 나의 패션은 언제나 남자도 여자도 아닌 애매한 그 무엇이었다.

여고 옆에서 문방구를 하던 부모님은 언제나 바쁘셨다. 내가 태어나던 날도 문방구 문은 닫히지 않았을 것이라 확신하는데, 그 이유는 내 출생 시간이 하필 그 눈코 뜰 새 없다는 여고 등교 시간이었기 때문이다. 여고 등교 시간의 문방구는 도떼기시장의 축소판이다. 상상해 보라, 같은 시간 가게 문을 열고 들어오는 수십 명의 학생과 5평 남짓의 공간에 온갖 물건을 쌓아 놓고 손발이 모자라게 장사를 하는 가게 주인 내외를. 학생들은 원하는 물건이 제각각이고, 주문과 동시에 돈과 물건이 오고 가야 하나라도 더 팔 수 있다. 수업이 시작되기 전인 이 30분을 놓친다면 그날 장사는 허당인 셈이다.

그렇기에 가난 탈출이 삶의 이유이자 목표인 우리 아빠

에게, 둘째이자 딸아이의 탄생이란 대단한 이벤트가 아니었을지 모른다. 가만히 있어도 손님이 알아서 들어오는 황금 시간대를 놓친다는 것은 두고두고 배 아플 일이기 때문이다. 북한 군이 쳐들어온다고 해도 아침 30분만큼은 장사를 하고도 남을 분이 우리 아빠다. 그게 내 확신의 이유다.

우리 부모님이 그렇게 바빴던 게 내 비만의 큰 이유라고 한다면 집안 내 매우 심각한 갈등이 야기될 수 있다. 왜냐하면 나와 오빠는 같은 부모 밑에 태어나고 자랐으나 체형은 정반대이니 말이다. 오빠는 늘 배고프다는 소리를 입에 달고 살았으며, 삼시 세끼는 물론 문방구 옆 작은 슈퍼에서 수시로 과자나 아이스크림을 사 먹기까지 했다. 하지만 50세가 된 지금까지도 그는 호리호리하다.

난 맹세코 그런 짓을 안 했다. 사람들이 이런 나의 식성을 믿어 주지 않는 것이 슬프지만 난 태생적으로 군것질을 좋아하지 않았다. 특히 달콤한 것을 싫어해서 알사탕 하나를 끝까지 먹지 못하고 뱉어 낼 정도였다. 그런데도 나는 이 책을 쓰기 직전까지도 뚱뚱했다.

내가 초중고를 다니던 80~90년대에는 '학교 급식'이라는 국가 복지 시스템이 없었다. 아침은 엄마가 차려 준 대로 식구들이 모두 똑같이 먹었으며, 점심 도시락도 오빠랑 같은 반찬이었다. 엄마가 나만 내내 뚱뚱하라고, 아니면 오빠만 계속 날씬하라고 반찬을 달리 싸 줬을 리 없다.

날씬한 나의 오빠는 거하게 저녁 식사를 마쳤음에도 불구하고 자기 직전에 생라면까지 부숴 먹곤 했다. 하지만 난 "한 입만!"을 외칠 수 없었다. 나의 체중은 이미 오래전 오빠를 추월해 버렸기에 가족 모두 나의 한 입을 반대할 것이 뻔했기 때문이다. 세상 치사한 것이 음식 앞에서 차별받을 때라고 하던데, 그게 남도 아니고 가족으로부터였을 때의 심정은 어리다고 못 느낄 게 아니었다. 물론 그것은 차별이 아닌 '걱정'이라는 것을 충분히 알지만, 그때는 그게 그렇게 서러웠다.

그러던 어느 날, 나는 1등을 했다. 4학년 때였던 것으로 기억되는데, 그 어떤 사교육 없이 전교 1등을 해 버렸다. 1987년이었던 그때는 학령 인구가 너무 많던 시절이라 한 반에 65명씩 총 10개 반이 있었다. 그것으로도 학생을 모두 수용할 수 없어서, 오후 반을 따로 추가하여 총 20개 반이 운영되었다. 그러다 보니 1개 학년의 총 학생 수는 1,300명에 육박했다.

그중 나는 수석이었다. 하필이면 그것이 공부가 아닌 '몸무게 수석'이라는 게 우리 집안의 비극이었지만 말이다. 전교 1등이라는 소식은 삽시간에 퍼졌다. SNS는커녕 핸드폰도 없

던 때인데, 하교 후 집 근처에 도착했을 무렵엔 이미 동네에 모르는 사람이 없을 정도였다. 대단한 사건이라도 일어난 듯 가가호호에 속보로 전달된 모양이었다.

엄마 아빠는 한숨을 쉬었고, 나의 식사 시간은 전날보다 더 괴로웠다. 내 몸이 계속 커지고 있는 것, 자고 일어나면 옷이 작아져 있는 것, 오빠는 매일 날씬하고 나는 매일 뚱뚱하다는 것, 이런 일들은 어린 나에게도 한 맺히는 고민이었다. "마론 인형 갖고 싶어"라든가 "엄마 아빠 몰래 오빠가 한 대씩 쥐어박아" 하는 또래들의 해결 가능한 고민과는 다른 차원이었기 때문이다. 그럴 때마다 오히려 허기는 커져만 갔다. '라면 한번 실컷 먹어 봤으면……' '과자 봉지를 양손에 움켜쥐고 마음껏 먹어 봤으면……' 하고 마음속으로 외쳐 댔다. 깔깔대며 웃고 살기에도 바쁜 열한 살에 말이다.

없어서 못 먹는 것이라면 참을 수 있었다. 하지만 눈앞에 있어도 먹으면 안 된다는 암묵적 지시가 나를 힘들게 했다. 참고 또 참았지만, 누르면 터지는 게 인지상정. 결국 나의 억누름은 폭발하고야 말았다. 학년이 올라갈수록 식사량이 늘어났으며, 이젠 눈치 따위는 보지 않고 마음껏 먹었다. 혼이 나든 말든 그게 라면이든 과자든 간에, 눈에 보이는 곳에 있는 것은 닥치는 대로 먹었다.

어차피 적게 먹어도 날씬해지지 않는다는 걸 내 몸이 증명하고 있으니. 그 어린 나이에 '자포자기'가 뭔지를 몸으로 깨달아 버렸달까. 굳이 선행 학습할 필요 없는 인생의 쓴맛을, 비만이라는 시련으로 인해 너무 일찍 알아 버리고 만 것이다. 한 아이의 엄마가 된 지금 생각해도 안쓰럽다. 그 작은 기쁨을 맘 편히 누리기 힘들었던 어린 시절의 나를 떠올리면 말이다.

2. 비만 아동 관리 대상

4년이나 먼저 태어난 오빠는 늘 홀쭉했다. 먹고살기 빠듯한 형편이었다고는 하지만 그래도 장남의 먹거리에 야박한 부모님은 아니었을 텐데, 유치원부터 초, 중, 고 시절의 기억을 탈탈 털어 보아도 오빠가 뚱뚱한 적은 없었다. 그는 '문방구 집 마른 아들'이었고, 나는 반대로 '뚱뚱한 둘째'였다.

초등학교도 입학하기 전부터의 일이어서, 그게 대단히

큰 수치로 받아들여지지는 않았다. 그냥 당연했다. 물론 왠지 모르게 유쾌한 표현이 아니라는 것쯤은 알았다. 통통은 귀엽지만 뚱뚱은 그렇지 않다는 것쯤은 누가 가르쳐 줄 필요가 없었다. '직감'이라는 기능이 어린 나에게도 있었으니까.

눈만 뜨면 불어나 있는 몸에, 맞을 만한 옷을 수시로 사다 나른다는 것은 우리 집 형편으로는 무리였다. 그래서 종종 오빠의 옷도 물려 입곤 했다. 멋이 뭔지 모를 나이여서 엄마가 입혀 주는 대로 불만 없이 입고 다녔다. 사정이 그렇다 보니, 덩치도 있고 머리도 짧은 나를 '문방구 집 막내아들'로 착각하는 사람도 꽤 있었다.

지금도 그때의 사진을 보면 그들의 눈썰미를 탓할 수가 없다. 내 눈으로 봐도 남자인지 여자인지 분간이 가지 않을 정도이니 말이다. 친정에 있는 사진첩을 들춰 볼 때마다 "엄마는 어디 있어?"라고 묻는 딸아이에게 소심한 손가락질로 일일이 짚어 줘야 하는 걸 보면, 그들의 눈썰미에는 하등의 하자가 없었다는 것을 새삼 확인할 수 있다.

언제나처럼 뚱뚱했던 4학년의 어느 날, 나의 비만 인생에 첫 '주홍 글씨'가 새겨진 사건이 일어났다. 그날은 아침 수업이 시작되기 전부터 담임선생님의 이례적인 지시가 있었다. 나와 내 짝꿍, 그리고 맨 뒷줄에 앉은 2명은 양호실로 가

라는 것이었다. 그 무섭다는 불주사 예방접종은 끝낸 지 얼마 되지 않았기 때문에 더 이상의 주사는 없는 게 확실했지만, 그래도 어딘가 모르게 찜찜했다.

'왜 우리 4명만?'

그런 찜찜함도 잠시, 우리는 그저 남들 수업할 때 의자에 앉아 있을 필요 없다는 이유만으로 시시덕거리며 양호실로 달려갔다. 하지만 그곳의 풍경은 평소와는 사뭇 달랐다. 우리 4명 말고도 각반의 푸짐한 애들 Top 4가 그 앞에서 떠들고 있었기 때문이다.

도대체가 무슨 상황인지 감이 잡히질 않아 고개를 갸웃거리며 양호 선생님 오시기만을 기다렸다. 하지만 그녀가 오고 나서 머릿속은 더욱 아리송했다. 그녀는 오자마자 아이들을 두 줄로 세우고는 이렇게 말했다.

"너희는 나라에서 정해 준 비만 아동 관리 대상이다."

86아시안게임을 성공적으로 마치고 난 이듬해였던 그때는, 지금처럼 아동 비만이 사회적으로 문제가 될 정도의 이슈는 아니었다. 그래서 나를 포함한 아이들은 비만이라는 단어가 정확히 무슨 뜻인지 몰랐다. 한국말임에는 분명한데 뭔가 좋은 느낌은 없는, 이 알쏭달쏭한 단어의 조합 때문에 고개를 갸웃거리며 얼어 있었다.

'우리가 뭘 잘못했다는 거지?'

그도 그럴 것이 1987년의 국가 복지 수준이란 '전 국민 의료보험' 제도도 없을 정도였다. 그런 국가 수준에 '비만 아동 관리'라는 정책은 지금 생각해 봐도 웃음이 날 지경이다. 그 시절 선진국이라 불리던 미국이나 영국 같은 나라에나 있을 법한 복지 시스템 아닌가? 유추해 보자면 일찍이 유학이라도 하고 온 어느 엘리트 공직자의, 시대를 앞서 나간 실수이지 않았나 싶다.

박자 안 맞는 복지정책이었지만 뚱뚱했던 덕에 최초로 경험해 볼 수 있었으니 행운이라고 해야 하나? 과연 이런 행운을 누가 부러워할까 싶지만 말이다. 아무튼 앞서 나가도 너무 앞서 나가 버린 이 복지 서비스는 '관리'라는 단어가 붙기에는 허술하기 짝이 없었다. 운동을 시킨다거나 식단을 짜 준다거나 하는 관리가 아니었다. 일주일에 한 번씩 해당 아이들을 양호실 앞에 죽 줄 세워 놓고, 체중과 가슴둘레를 재는 게 전부였다.

어떤 날은 양호 선생님도 이 복지정책의 목적이 무엇인지를 잊은 듯했다. 날이 갈수록 양호실이 비어 있어 헛걸음을 칠 때가 많아지더니, 결국 두 달도 채우지 못한 채 흐지부지되었다. 나에게 '비만 아동'이라는 주홍 글씨만을 남긴 채.

그날 이후부터 양호실 앞에 모였던 우리는 어딘가 모르게 주눅 들어 있었다. 그동안은 뒷자리에 주르륵 앉아 있으면 마치 실세라도 된 듯 의기양양했는데 이제 그런 날은 사라졌다. '비만 아동'이라는 꼬리표를 달자 저절로 고개가 수그러들었다. 씨름부를 하나 만들었어도 부족함 없을 만큼의 단단한 체격들이었지만, 이젠 그냥 뚱뚱한 아이들일 뿐이었다.

3. 사춘기 소녀의 치명적 상처

중 3 여름방학 때였다. 교회에서 근교 캠핑장으로 수련회를 간다고 했다. 처음으로 부모님 없이 떠나는 합법적 가출이어서 한껏 맘이 들떠 있었다. 전도가 목적이었던 행사였기에 교회에 다니지 않는 친구도 초대해서 함께 갈 수 있었다. 그래서였는지 마치 초등학교 때의 소풍 전야처럼 설레었다.

2박 3일 일정으로 관광버스 한 대를 꽉 채워서 중·고등

부가 함께 찬송가를 불러 가며 신나게 목적지로 향했다. 나를 따라온 친구도 찬송가를 꽤나 잘 불렀는데, 지금도 의문인 건 교회도 안 다녀 봤다는 애가 대체 찬송가를 어디서 배웠을까 하는 것이다. 더구나 그 친구의 집안은 불교였는데 말이다. 출발하기 전에는 수건돌리기도 하고, 모닥불도 피워 가며 교회 오빠들과 어울리는 즐거운 시간을 상상했지만, 막상 가 보니 수련회는 그런 게 아니었다. 어디서 왔는지도 모르는 머리 희끗희끗한 어르신들이 장장 3시간 넘게 신앙 간증을 했고, 끝나자마자 짧은 식사를 마치고 나면 다시 저녁 예배가 시작됐다.

식사 준비와 마무리도 우리가 거들어야 했고, 게다가 설거지는 조선 시대 아낙네처럼 개울가에 쭈그리고 앉아서 해야 했다. 수련회를 떠나기 전 잠시 잊고 있었던 게 있다면 이 행사가 공짜라는 것이었는데, 그 대가는 생각보다 혹독했다.

힘들긴 했지만 어쨌든 밤이 되자 그토록 기다리던 캠프파이어를 할 시간이 주어졌다. 기대했던 대로 교회 오빠 중에 제일 잘생긴 오빠가 기타를 들고나왔다. 그는 변진섭이며 이상우(지금으로 치자면 성시경이나 폴킴 같은 가수)의 노래를 능숙한 기타 연주와 함께 감미로운 목소리로 불러 줬는데, 누군가 옆에서 '목사님의 조카'라는 속보를 전해 주었다.

나를 포함한 다수의 여학생이 그 오빠에게 푹 빠져 있었는데, 그 정도가 어땠냐면 머릿속으로는 이미 결혼도 하고 신혼여행도 떠났으며, 아이도 한 3명쯤은 낳은 부부의 알콩달콩한 지경이었달까. 한참을 눈에 하트를 그려 가며 그의 노래에 박자를 맞추고 있는데, 어디선가 들려오는 못생긴 목소리가 흥을 깼다. 노총각 전도사님이었다.

"이제 잠 좀 자자."

전도사님의 호통으로 달콤한 시간은 끝이 났고, 다들 숙소로 들어가서 이내 곯아떨어졌다. 이른 아침부터 잠을 설쳐 대며 출발하느라, 긴 예배와 간증 시간을 견뎌 내느라, 게다가 집에서는 해 본 적도 없는 음식 준비와 설거지를 해 대느라 피곤한 게 당연했다. 하지만 이렇게 알찬 두 번의 밤을 보내고 난 후, 나는 기독교인에서 무교인이 되었다. 그것은 집으로 가는 버스 안에서 들은 충격적인 제보 때문이었다.

"누가 그랬다고?"

"그 기타 잘 치는 오빠네 엄마가."

"김 권사님이?"

"응."

친구는 동생들이 바글거리는 비좁은 집을 단 하루만이라도 벗어나고 싶어 했다. 그런 이유로 집안이 불교임에도

불구하고 교회 수련회를 따라왔을 뿐인데, 되려 나에게 호된 심문을 받아야 했다. 그 이유는 수련회 마지막 밤, 괜스레 잠들지 못하고 깨어 있었던 탓이다. 그러고는 듣지 말았어야 할, 아니 전하지 말았어야 할 말을 나에게 전한 게 죄라면 죄였다.

나는 국어 시간에 배우지도 않은 육하원칙에 따라 묻고 또 물었다. 사실이 아니길 바라는 나의 바람으로 인해 무한 반복되는 심문에 굴복한 그녀는, 몇 번이고 그날 밤의 일을 진술했다.

"김 권사님이 뭐라고 했다고? 다시 한번 자세히 말해 봐. 그니까 나를 두고 한 말이 확실해?"

"응. 확실했어. 나도 귀를 의심했지. 근데 아무리 들어 봐도 딱 너였어. 어제저녁에 라면 두 그릇 먹은 건 우리 여자 중에 너뿐이잖아"

기억을 더듬지 않아도 나뿐이었다. 익숙지 않았던 고된 노동에 내 식욕은 라면으로 보상받길 원했기에, 나로서는 두 그릇을 먹는 것 말고는 방법이 없었다. 창피했지만 냉철함을 잃지 않고 다시 취조에 임했다.

"그래서 뭐라고 했다고? 딱 들은 대로만 말해. 더 보태지 말고."

"네가 자다가 코 골았거든. 그거 보고 대뜸 그러시더라고."

"뭐랬는데?"

"'돼지같이 먹어 대면서 남자들 관심은 받고 싶어 하네.'라고."

상처를 받았다든지, 배신감이 들었다든지 할 때가 아니었다. 내가 남들 눈에 어떻게 보이고 있는지를 그동안 전혀 모르고 있었다는 것이 나를 창피하게 했다.

"넌 뚱뚱해도 귀여워."

"너는 통통한 게 매력이야."

이런 돈 안 드는 칭찬에 취해, 내 뚱뚱함은 남들과는 다르다고 생각했다. 그동안 큰 착각을 단단히 했구나 싶어 얼굴이 화끈거렸다. 나 자신이 참 멍청하게 느껴졌다. 얼굴이 굳어 버린 나를 보며 친구는 위로해 준답시고 김 권사님을 욕했다. 하지만 딱히 그분이 욕먹을 만한 일도 아니었다. 그분이 잘못한 게 있다면, 내 친구의 예민한 잠귀를 알아채지 못한 것일 뿐.

사건 이후 나는 달라졌다. 이랜드, 브렌따노, 언더우드 같은 청소년과 대학생을 위한 캐주얼 의류 체인점이 막 생겨나던 때라 어딜 가도 옷이 넘쳐났다. 카탈로그를 찢어 벽에

붙여 놓을 정도로 그렇게 관심 많던 유행 패션들이 그날 이후 부질없어졌다. 속세와 연을 끊은 비구니처럼 학교 체육복으로 24시간을 지내는 날들이 많아졌다. 톡톡 튀는 디자인에 상큼한 컬러 조합을 볼 때마다 다시 마음이 들썩거렸던 것도 사실이지만, 나에게는 좀처럼 어울리지 않았다. 어느 책에서 봤지만 무슨 뜻인지 몰라 그냥 넘어갔던 '이상과 현실의 괴리감'이라는 구절이 거울을 볼 때마다 저절로 이해될 지경이었다.

'이상은 이 옷이고, 현실은 내 몸이어서 어리둥절하다는 뜻이구나.'

이런 슬픈 와중에 체육복으로 인한 웃긴 일화를 하나 또 고백해 보겠다. 어느 날 아침 1교시, 한문 시간이었다. 선생님은 대뜸 맨 끝자리의 나를 지목하셨다. 그러고는 번지수 빗나간 배려의 말씀을 건네셨다.

"운동부는 출석 체크만 하고 바로 체육관으로 가도 된다."

그랬다. 누가 봐도 나는 운동부 체격이었던 것이다.

4. 연애를 말아먹던 날들

성인이 되었어도 상황은 마찬가지였다. 뚱뚱한 여자의 로맨스는 호락호락하지 않았다. 물론 나와 비슷한 체급의 친구 중에 더러는 오래 사귄 연인이 있는 친구도 있었지만, 그건 정말 멸종위기의 동물처럼 극소수였다. 한참 사회 초년생의 길을 걷느라 이리 치이고 저리 치이느라 바쁘기도 했지만, 그래도 연애를 하고자 하는 의지와 시간은 차고 넘쳤다.

하지만 어찌 된 영문인지 나에게는 핑크빛 기류가 나타나 주지 않았다. 내 옆자리의 입사 동기와는 정반대의 나날이었다. "짜증 나"로 시작하는 그녀의 말에는 드라마에 나올 법한 사건이 들어 있었는데, 내용은 전혀 짜증 날 일이 아니라는 게 내게는 짜증이었다.

"짜증 나. 전철역에서 어떤 남자가 대뜸 전화번호를 묻는 거 있지?"

단물에 개미 꼬이듯 항상 남자들의 프러포즈 공세에 시달리는 그녀가 얄미웠지만, 남들이 모르는 특별한 비법이 있는 건지 궁금한 것도 사실이었다. 하지만 옆에서 지켜본 바로는 긴 생머리라는 것, 그리고 48kg의 왜소한 체격이라는 것 외에는 눈에 띌 만한 매력이 있는 것 같지 않았다. 퇴근 후 씁쓸한 기분으로 친구를 만나 하소연했다. 그러자 그녀는 본 적도 없는 그녀의 매력을 3초 만에 찾아냈다.

"야, 진짜 몰라서 묻는 거야? 48kg이 비법인 거야."

친구의 신속하고 단호한 판결에 나는 이렇다 할 반대 의견을 제시하지 못했다. 그러자 그녀는 판결의 이유를 찬찬히 설명했다.

"자, 잘 들어 봐. 날씬한 애들은 어때? 머리를 풀어 헤쳐도, 화장을 안 해도 청순해 보여. 그렇지? 그런데 뚱뚱한 애들은 어때? 그 반대잖아. 그걸 몰랐어?"

물론 나도 알고는 있었다. 하지만 나보다 10kg은 족히 더 나가는 이 친구에게, 내가 이런 가르침을 받을 입장이 맞는 것인지가 의문이었다. 그리고 그렇게 잘 알면서도 본인은 왜 실천하지 않고 있는 것인지도 궁금했다.

"그래서, 너도 48kg으로 만들 거야?"

"내가 왜? 난 뚱뚱해도 얼굴은 예쁘잖아."

그녀가 내린 두 번의 단호한 판결에 나는 무릎을 꿇었다. 그리고 마지막 판결이 묘하게 기분 나빴다. 하지만 친구의 근거 없는 당당함도 부럽긴 했다. 같은 비만인의 길을 걷는 처지에, 나에게는 왜 이런 당당함이 없는 것일까? 이유는 하나였다. 나는 모태 비만, 그녀는 입시 비만. 줄곧 뚱뚱함으로 인해 위축된 상태로 성장한 나와, 그 반대의 차이. 이래서 성장 과정이 중요하다고들 했나 싶었다.

그저 그런 나날들이 반복되던 어느 날이었다. 웬일로 이 친구가 소개팅 하나를 물어왔다. 평소 남자 만나는 자리라고는 한 번을 데리고 간 적 없더니만, 지난번 했던 하소연이 먹혔구나 싶었다.

"자동차회사 다니는 남자인데, 대전이 고향이래."

"근데 왜 나야?"

고맙긴 한데 나를 지목한 이유가 뭔지 궁금했다. 나의 질문에 친구의 대답은 명료했다.

"통통한 여자가 이상형이래."

누군가의 이상형이 될 수 있다는 가능성에 콧노래를 흥얼거렸다. 약속 장소까지의 거리는 꽤 멀었지만 금세 도착한 듯 짧게만 느껴졌다. 서로 얼굴을 모르는 상태였기에 전달받은 번호로 전화를 걸었다. 신호음이 울리자 이내 소개팅 남의 목소리가 들려왔다.

"여보세요. 왼쪽으로 돌아보실래요? 기둥 뒤쪽 테이블입니다."

뒤를 돌아보니, 기둥 근처에 그 남자가 서 있었다. 잠시 눈빛이 머문 바로는 남자다운 느낌이었다. 요즘 말로 훈남. 자리에 앉아 어색한 인사를 나눴다. 그는 환하게 웃는 모습이 매력적이었다. 식사를 마치고 커피를 마시는 동안, 이렇다 할 불편함이 없는 자연스러운 시간을 보냈다. 왠지 다음 주에 한 번 더 만나자고 할 것 같은 느낌도 들었다. 집으로 돌아오자마자 친구에게 보고 문자를 보냈다.

"괜찮은 사람이더라. 또 만나자고 연락해 오면 만나 볼까 봐."

하지만 친구는 나의 보고에 아무런 답이 없었다. 게다가 소개팅 남도 마찬가지였다. 다음 날 아침이 되어도 "그날은 잘 들어가셨지요?"라든지 "오늘 출근은 잘하셨나요?" 같은 안부 문자 한 통이 없었다. 점심이 지나면 연락이 오겠지 싶었다. 아니, 백번 양보해서 잠들기 직전이라도 연락이 올 거라 생각했다. 하지만 잠잠했다. 더 괘씸한 것은 약속이라도 한 듯 똑같이 조용한 내 친구였다.

그렇게 분하디분한 마음을 삭이다 보니 훌쩍 며칠이 지났다. 회의가 끝나고 핸드폰을 확인하니 문자가 하나 와 있었다. 긴 회의여서 녹초가 되었지만 '새 문자(1)'을 보며 나도 모르게 입꼬리가 올라가는 것이 느껴졌다. 하지만 문자를 확인함과 동시에 내 어금니에는 힘이 들어갔다. 그러고는 신고 있던 하이힐의 뒷굽으로 바닥을 꾹 비볐다.

"이런 소식 전해서 미안. 그 남자는 아나운서 강수정 같은 통통함을 원했다네?"

KO패였다. 늘씬한 아나운서의 대명사 '강수정'이 내 라이벌이었다니. 그녀와 내가 공통점이 있었나 굳이 따져 보자면 나이, 그리고 역할이 다른 볼살뿐이었다. 애초에 라이벌 구도가 형성되지 않는 상대와 링 위에서 데스매치를 벌이고 있었다고 생각하니 속이 부글부글 끓었다.

그 사건이 준 선물이 있다면 세상의 남자들이 말하는 '통

통'이란, 여자들이 생각하는 그것과는 사뭇 다른 개념이라는 깨달음이었다. 내 몸은 여자들의 눈엔 '통통'이었어도, 남자들의 눈엔 '뚱뚱'이었다는 아주 단순명료한 사실 말이다. 어쨌든 간만의 소개팅은 나를 더 슬프게 했고, 이후로도 비슷한 결과만 쌓여 갔다. 연애를 국밥처럼 말아먹는 나날들 말이다.

제2장

미치도록 날씬해지고 싶었다

1. 더는 안 속아, 다이어트 제품

섬유소로 배를 채워 주고 숙변을 제거한다는 제품, 탄수화물 흡수를 막아 주고 체지방 분해를 도와준다는 제품 등, 해마다 홈쇼핑과 각종 매체들은 나를 날씬하게 만들어 주기 위해 부단히도 노력했다. 대기업부터 중소기업 그리고 단돈 2만 원부터 몇백만 원까지, 종류도 가격도 다양했다. 그렇다면 신뢰할 수 있는 대기업의 고가 제품이 효과가 훨씬 더 좋을 것이라 생각했다. 그 제품을 홍보하는 날씬한 모델이 내 미래일 것만 같았기 때문이다. 자본주의에서는 가격과 성능이 비례한다는, 어디서 주워들은 논리를 들먹거리며 난 과감히 고가의 제품에 먼저 손을 댔다.

다단계 다이어트 제품

물과 함께 먹으면 뱃속에서 섬유소가 부풀어 올라 포만감과 함께 숙변을 제거해 준다고 했다. 미국의 글로벌 다단계 기업이 판매하는 제품이어서 그런지, 홍보 자료가 매우 세련되게 만들어져 있었다. 그리고 인터넷을 검색하자 성공 후기가 가득했다. 단순히 3kg, 5kg 수준의 감량이 아닌 20kg, 30kg 이상의 황홀한 후기들이었다.

그들은 '비만 = 영양 결핍'이라고 했다. 몸이 원하는 진정한 영양소가 채워지지 않아서 몸이 뚱뚱해지는 것이라 했다. 그래서 날씬해지려면 단백질 파우더, 섬유소 파우더, 각종 영양제 등으로 부족한 영영소를 골고루 채워 주면 10kg은 눈 깜짝할 사이에 해결된다고 자신했다. 다이어트에 성공한 이들의 사진을 잔뜩 보고 나니, 그들의 논리는 내 머릿속에 자연스레 스며들었다.

우선은 약소하게(?) 200만 원어치만 구입했다. 그들은

'이건 꼭 먹어야 한다, 하나만 더 추가하면 사은품을 준다'며 제품들을 수십 가지 나열했지만, 불행인지 다행인지 내 수중엔 200만 원이 전부였다. 결제와 동시에 나의 식단을 관리해 준다는 전담 코치가 정해졌고, 그녀는 제품과 식사를 병행하도록 식단을 짜 주었다. 아침과 저녁은 제품 섭취, 점심 한 끼만 일반식을 먹는 방법이었는데, 먹기 전엔 항상 코치의 승인이 필수였다.

처음은 언제나 순조로웠다. 그도 그럴 것이, 나의 소중한 돈이 투자되었기에 열심히 하지 않을 수가 없었다. 제품들을 순서대로 한 숟갈씩 먹기만 했는데도 배가 꽉 찼다. 게다가 그곳에서 권장한 다이어트 tea를 마시는 것은 고행 그 자체였다. 하루 4리터를 마셔야만 살이 쭉쭉 빠진다는데 안 할 수도 없는 노릇이었다.

처음 2주는 이를 악물고 마신 덕에 3kg이 감량되었다. 하지만 제품의 효과인지 물배를 채운 효과인지 알 수 없었다. 내 의지가 사그라들 기미가 보일 때마다, 담당 코치는 감량 후기 사진들을 보여 줬고, 계속적으로 새로운 제품을 구매하라고 종용했다. 어차피 이렇게 된 거, 제대로 해 보자는 생각에 어느새 나는 지갑을 활짝 열었다.

하지만 몸이 날씬해지는 속도보다 식욕이 솟구치는 속

도가 더 빠른 것이 문제였다. 배가 빵빵해졌다고 해서 음식이 먹고 싶지 않은 것이 아니었다. 가루 생활을 아무리 이어 가도, 그 가루들이 나의 뇌까지 전달되지는 않았다. 만족감 없는 가루 식사는, 오히려 없던 식탐까지 만들었다. 회사 구내 식당에서 동료들과 마음껏 점심을 먹을 수 없는 나날들에 지쳐 갔으며, 결국에는 그 제품들에 손을 대지 않는 날이 더 많아졌다. 결국엔 -3kg이 +6kg이 되어 돌아왔고, 고가의 제품은 수납장에서 몰래 썩어 갔다.

홈쇼핑 다이어트 제품

다이어트라는 것은 대체 '가루' 없이는 불가능한 것인지, 새로운 가루는 매해 나타났다. 밤 10시가 한참 넘은 어느 여름밤, 친구로부터 온 다급한 문자 메시지가 사건의 발단이었다.

"너 지금 채널 ○○번 틀어 봐. 쇼호스트가 엄청 날씬해졌어!"

자다가 봉창이라더니, 나와는 전혀 친분도 없는 쇼호스트의 몸매까지 감상하라고? 기가 찼다. 대체 얼마나 대단하길래 이 밤에 저리 호들갑인가 싶어 못 이기는 척 TV를 켰다. 브라운관에 비친 그녀의 모습은 정말 다른 사람 같았다. 자

그마한 키에 오동통한 체구였던 그녀가, 어찌 된 일인지 늘씬하고 길쭉해져 있었다. 친구의 호들갑에는 이유가 있었음이 밝혀지는 순간이었다. TV 속 그녀는 내가 TV를 끄기라도 할 새라 서둘러 다이어트 제품 판매에 열을 올리기 시작했다.

'망고 씨앗 가루? 아니, 망고도 아니고 이젠 망고 씨앗까지 먹어야 해?'

헛웃음이 났다. 하지만 그녀의 모습을 계속 보고 있노라니, 왠지 이 제품이 변신의 이유인 것만 같았다. 그녀는 자신의 다이어트 성공에 대해 직접적으로 언급을 하지는 않았지만, 언뜻언뜻 비추는 그녀의 뉘앙스가 이미 모든 것을 말해 준 것과 다름없었다.

탄수화물 흡수를 막으며 체지방까지 분해한다는 이 고마운 성분들은 나와 내 친구의 지갑을 신속하게 공격했다. 6개월분에 30만 원. 거기에 3개월 할부를 하면 가뿐한 가격처럼 느껴졌다. 이렇게 눈 한번 질끈 감으면 그만인 것이 홈쇼핑의 장점(?)이자, 내 가난의 이유였다.

제품을 먹는 동안은 몸이, 아니 기분이 가벼웠다. 마치 용한 점쟁이가 써 준 부적을 몸에 지닌 듯한 든든한 느낌이었달까. 라면이나 케이크 같은 고탄수, 고칼로리의 음식을 먹어도 내 몸에는 흡수되지 않도록 이 제품들이 철저히 막아 주고 있는 듯한 그런 느낌. 날씬해진 그 쇼호스트처럼 한 스푼씩 매일 먹기만 한다면 내 몸은 금세 변신할 것만 같았다.

하지만 아무리 먹어도 변신이 되질 않았다. 시간이 흘러도 '다이어트'라는 결과가 도무지 생길 기미가 없었다. 이 신비의 가루들은 홈쇼핑 관계자들에게만 효과가 있는 것인지, 나 같은 일반인의 몸에서는 아무 일도 하지 않기로 작정한 것만 같았다. 그것은 내 친구에게도 마찬가지였다. TV 속 그녀들은 항상 날씬했고, 우리는 그 반대였다. 하지만 유명 연예인과 쇼호스트들은 계절마다 제품을 바꿔서 들고나왔으며 풋사과 추출물, 녹차 추출물에 이어 선인장 가루까지 들고나와 나를 피곤하게 만들었다. 하지만 나도 내 친구도 단 한 번을 날씬해지지 못한 채 홈쇼핑을 졸업하고야 말았다.

시중에서 손쉽게 구입할 수 있는 다이어트 제품들은 식품법상 '건강기능식품'에 해당한다. 약이 아닌 '식품'인 것이다. 하지만 그들은 법에 저촉되지 않을 만큼의 애매한 표현으로 혼란을 유도한다. 거기에 '체지방 감소에 도움을 줄 수 있음'이라는 문구라도 한 줄 붙어 있으면 많은 사람이 지갑을 열고야 만다.

하지만 이 문구는 어디까지나 약간의 가능성을 의미하는 것일 뿐이다. 개개인의 체질적인 특성을 고려해서 만든 제품

이 아니기 때문이다. 누구에게는 효과가 있을 수도 있지만, 누군가에게는 없을 수도 있다는 뜻이다. 그러므로 눈부신 효과는 애당초 기대할 수 없는 제품들이다.

지갑을 여는 그 순간만큼은 소소한 마음의 위안이 된 것이 사실이다. 하지만 이것들이 인류의 다이어트, 아니 적어도 나의 다이어트에만이라도 기여를 했다면 아마도 이 책이 세상에 나올 일은 없었을 것이다.

2. 운동의 종말

1:1 PT

누구나 타고난 체형에 불만이 있기 마련이다. 살이 잘 찌는 것도 억울하지만, 부위마다 공평하게 찌지 않는다는 것은 더욱 억울한 일이다. 나의 경우는 상체 비만이 심각한 편이었는데, 마치 상습 교통 체증 구간처럼 그 부위만 항상 지방이 두둑하게 쌓여 있는 꼴을 보고 있노라면 화가 치밀어 올랐다.

'살이 찐 것도 서러운데, 왜 골고루 쪄 주지 않아? 볼썽사나운 이 모양은 대체 뭐냐고?'

원피스 한 벌을 사더라도 상체는 꽉 끼고 하체는 헐렁하다 보니 수선은 필수였다. 상체는 한두 치수를 늘려야 했고, 하체는 줄여야 했다. 그래야만 제대로 몸에 맞았다. 그렇게 불만스러운 나날을 보내던 어느 날이었다. 퇴근길 인파 속을 걷고 있는데, 순식간에 내 손에 무언가가 쥐어졌다. 나이가 한참 지긋하신 할머니의 재빠른 손놀림에 거부할 새를 놓친 나는 이게 뭔가 싶었다.

'체형별 맞춤 운동 처방'

'2개월이면 새 인생 시작'

이게 사실이라면 상체가 비대한 체형인 나를 어떻게든 가녀린 여자로 만들어 줄 것만 같았다. 2개월이야 숨만 쉬어도 금방 흘러 버리는데, 새 인생을 위해 긴 시간은 아니라는 생각이 들었다. 사람마다 체형이 다르니, 1:1로 관리를 받아야만 해결될 것도 같았다. '6개월에 9만 원' 같은 저렴한 헬스장으로는 그동안 살이 빠지지 않았으니 말이다.

물론 6개월 중에 헬스장에 발을 디딘 날을 헤아리면 병아리 눈곱 같았다. '등록할 때 1번, 운동화 찾으러 갈 때 1번' 간다더니, 그 말이 틀리지 않았다. 그런 나 같은 사람에게는

1:1 PT 같은 철저한 개별 관리가 답인 것도 같았다. 내 발은 이미 전단지를 받았던 곳의 빌딩 꼭대기에 있다는 피트니스 클럽으로 향했고, 정신을 차렸을 때는 '3개월 할부 영수증'이 손에 들려 있었다.

'이참에 제대로 된 운동 한번 해 보는 거지 뭐. 혼자서는 의지박약이라 못 하잖아.'

마침 TV에서는 1:1 PT를 받으며 변신에 성공한 연예인들이 너도나도 등장하기 시작했고, 그 유행이 서서히 일반인에게 번져 가던 때였다. 하지만 그들은 고소득 연예인이고, 나는 지갑 사정이 짠한 일반인 신분이라는 것이 문제였다. 2개월간 1:1 PT 비용은 두 달간 월급을 한 푼도 안 쓰고 고스란히 갖다 바쳐야만 가능한 금액이었지만, '전담 트레이너의 맞춤 체형 관리'라는 내 맘에 쏙 드는 문장만으로 등가 교환엔 문제가 없었다.

호랑이 같은 트레이너에게 지옥 훈련을 받으면 나도 TV 속 연예인들처럼 180도 달라진 몸을 갖게 될 것만 같았고, 그토록 간절했던 상체 비만도 해결될 거라 생각하니 그 돈이 아깝지 않았다. 아니, 아깝지 않다고 세뇌하려고 애를 썼지만 0이 몇 개인지 잘 가늠 안 가는 영수증을 보니, 입술이 떨린 것도 사실이었다.

다행히도 전담 트레이너는 눈물의 금액만큼이나 세세하게 나를 챙겨 주었다. 나만을 위한 일정, 내 불만을 해소해 준다는 체형별 운동, 그리고 목표 체중에 도달할 때까지의 식단까지. 3박자가 딱 맞았다. 심지어 운동 후 허기짐을 방지하기 위해 닭 가슴살 도시락까지 챙겨 주는 감동 서비스. 평소의 소비 지론이 맞아떨어지는 순간이었다.

'자본주의에서는 가격과 품질이 비례한다.'

어금니를 꽉 물던 과거는 어느새 잊히고, 연예인 같은 S라인이 나에게도 생길 것 같은 기대에 행복했다. 저녁 약속도 잡지 않고 일주일에 3번 하루 2시간 PT를 받았다. 하지만 새 모이만큼 먹어야 하는 야박한 식단과 고강도 운동은 정말 지옥 그 자체였다. 그중에서도 상체 비만 해소에 최고라는 'Lope' 운동은 나를 가장 힘들고 초라하게 했다. 영화에서나 봤음 직한 남자 팔뚝 같은 두꺼운 밧줄을 쥐고 땅을 치며 흔들어야 했는데, 거울에 비친 내 모습은 눈 뜨고는 봐 주기 힘든 처참한 모습이었다.

게다가 얼마나 힘들던지 PT가 끝난 후엔 눈물이 날 지경이었다. 하지만 힘든 만큼 체중은 줄지 않았다. 두 달 동안 감량한 것이 고작 3kg이었다. 물론 운동이 효과가 없다거나, 트레이너가 무능했다고 핑계 댈 생각은 전혀 없다. 이유를 막론하고 나의 피 같은 땀과 눈물, 그리고 돈을 생각하면 이대로 계속해야 하는지 의문이었다.

아침에 사과 한 개를 먹고, 점심엔 일반식의 2분의 1, 저녁엔 닭 가슴살 샐러드를 먹는 식단에, 저녁 회식이나 모임은 금지된 피폐한 나날이 하루라도 더 계속된다면 나는 날씬해지기도 전에 죽을 것만 같았다. 체중이라도 팍팍 빠져 줬으면 그 맛에라도 어떻게든 이를 악물었겠지만, 얻은 건 남성미 넘치는 어깨와 더욱 부실해진 하체였다.

안 그래도 상체가 비대한 나에게는 설상가상의 결과였으니. 3개월을 채워 보자는 트레이너의 권유를 어렵게 거절했다. 부위별 운동을 체계적으로 해 보고, 헬스 기구를 종류별로 사용해 본 건 좋은 경험이었다. 하지만 극한의 운동을 새 모이 같은 식사량으로 계속 이어가기엔 나의 지갑과 의지가 받쳐 주지 않았다.

잠시 그때의 기억을 떠올리는 이 순간마저도 숨이 턱턱 막힌다. PT를 중단하자 몸은 순식간에 비대해졌다. 특히 상체가 가관이었다. 물론 PT로 극적인 효과를 본 사람들도 많기에 '효과가 있다, 없다'와 같은 이분법적 결론을 낼 생각이 없음을 밝혀 둔다.

홈 트레이닝- 연예인 비디오 & 유튜브

나의 홈트레이닝 역사는 생각보다 오래됐다. 유튜브라는 것이 생겨나기 훨씬 이전인, 1990년대 후반부터 시작했기 때문이다. 세기말이었던 1998년 무렵, 우리나라 미(美)의 기준이 갑자기 달라지기 시작했다. 예쁜 얼굴이 제1 덕목이었던 시대는 가고 '건강미인'이라는 기조의 미가 생겨났다. 마르고 이쁘장한 얼굴보다는 가슴도 크고 엉덩이도 빵빵한, 그런 육감적인 미녀를 세상이 원하기 시작했다.

'건강미인? 이제 내 세상이 온 건가?'

나에게 예쁜 이목구비는 없다 쳐도, '건강미'만큼은 있다고 자부했다. 굳이 이유를 꼽자면, 병원에 간 것이 손에 꼽힐 정도로 잔병치레 따위는 없는 체질이 나였으며, 마르고 여리여리함과는 거리가 먼, 튼실한 건강인이 나였다. 엉덩이는 빈약해도, 푸짐한 상체는 '볼륨'이라 우길 만하다고 생각했다. 그래서 '건강미인'이라는 단어의 등장과 동시에 다이어트라는 지긋지긋한 숙제를 놓아 버릴 작정이었다. 하지만 얼마 지나지 않아 다시 한번 세상에 호되게 배신당했다는 사실을 알게 되었는데, 그것은 9시 뉴스를 통해서였다.

"슈퍼모델 이소라, 한국 최초 다이어트 비디오 출시!"

알고 보니 세상은 내 편이 될 생각이라고는 눈곱만큼도

없었다. 오히려 예쁜 얼굴도 모자라 'S라인'이라는 어려운 숙제를 하나 더 추가했을 뿐이었다. 마치 '미인'이라는 단어를 함부로 쓰지 못하게 마음먹은 마녀 심보 같았다. 그렇게 '연예인 다이어트 비디오'라는 신호탄이 터짐과 동시에 미의 기준이 순식간에 '몸'으로 이동했다. 그러자 연예인들은 더 바빠졌다. 슈퍼모델 이소라의 초대박에 이어, 다른 연예인들도 줄줄이 다이어트 비디오를 출시했기 때문이다.

"가수 옥주현 다이어트 요가 비디오 출시"

"배우 황신혜 다이어트 비디오 출시"

"개그우먼 이영자 다이어트 비디오 출시"

'잉? 개그우먼 이영자?'

그랬다. 20년 전, 그녀도 다이어트 비디오의 주인공인 적이 있었다. 약간의 공백기를 갖다가 갑자기 나타난 그녀의 모습은, 멀쩡한 눈을 비벼 새로 뜨게 할 만큼 날씬했다. 뚱뚱한 여자의 대명사였던 이영자까지 날씬한 여자로 살겠다고 선언을 해 버린 이 현실에, 나는 나라를 잃은 기분이었다. 그녀마저 이제 삶의 노선을 바꾸겠다며 변신했는데, 내가 무슨 배짱으로 다이어트를 포기한단 말인가?

주머니를 털어 열심히 비디오를 사다 날랐다. 아침저녁으로 반복하며 그들이 하라는 대로 따라 했다. 매일 한 시간

그녀들의 비현실적인 몸매를 감상하며 운동을 따라 했다. 일주일, 이 주일이 지나자 군살이 다소 정리되는 듯했다. 하지만 한 달 두 달이 지나도 내 몸은 비디오 속 그녀들처럼 되지 않았다. 더 슬픈 것은 연말이 되고 그들은 어느새 날씬한 부자가 되었지만 나는 여전히 뚱뚱하다는 사실이었다. 그렇게 나의 첫 홈 트레이닝은 비디오테이프의 멸종과 함께 잊혔다.

그렇게 20년이 지나고, 진짜 홈트레이닝이 나타났다. 유튜브의 등장과 동시에 손가락 까딱 한 번으로 다양한 운동 채널을 접할 수 있게 된 것이다. 방구석에서 조용히 따라 하기만 해도 뱃살이 없어진다는 영상부터, 1만 칼로리를 폭파한다는 영상까지 다양하기가 호텔 뷔페 수준이었다. 부위별 맞춤 운동부터 전신운동까지 입맛에 맞게 차려져 있었다. 세상의 유튜버들이 이렇게 열심히들 영상을 만들어 주었지만 나는 날씬해지지 못했다.

그 이유는 단 하나, '일관성' 때문이었다. 실컷 따라 하고는 어떤 날은 굶고, 어떤 날은 과식했다. 게다가 귀신 같은 유튜브 알고리즘은 너무도 많은 정보를 들이밀었다. 동영상 속 전문가마다 서로 다른 방법과 이론을 제시해 댔고, 귀 얇은 나 같은 사람은 이랬다저랬다 머리가 터질 지경이었다. 다이어트에 정답이 없다는 건 잘 알고 있었지만 클릭 한 번으로 쉽게 얻는 정보는 오히려 독이었다. '더 쉽고, 빠른 방법'이라는 제목에 늘 현혹되느라 바빴고, 이 핑계 저 핑계로 운동을 지속하지도 못했다.

보디 프로필 준비하는 사람들, 필독!

다양한 연령층에서 보디 프로필(Body profile)이 유행하고 있다. 고강도 운동과 식단으로 몸매를 철저히 가꿔서, 찰나의 순간을 연출된 사진으로 남기는 것이 '보디 프로필'이다. 특히 20~30대에서 많이 유행하고 있는데, 그 이유는 '인생에서 가장 젊고 아름다운 시절'이기 때문인 듯하다. 나는 고강도 운동을 반대하는 사람은 아니다. 본인이 감당할 수 있고, 그 과정에서 기쁨을 느낄 수 있다면 훌륭한 취미라고 생각한다. 다만 지나친 식이조절을 하면서 고강도 운동을 병행하느라 힘들어하는 사람들을 걱정할 뿐이다. 폭식의 위험이 있기 때문이다.

극한의 식이 제한을 동반한 보디 프로필이 끝나면 대부분 폭식을 한다. 억눌린 식욕과 인내의 시간을 음식으로 보상받고자 하기 때문이다. 하지만 일반식으로 갑자기 돌아오는 순간 체중은 걷잡을 수 없이 증가한다. 그로 인해 극심한 요요현상을 겪게 되는 것이다. 이로 인한 육체적, 정신적 고

통은 이루 말할 수 없다.

실제로 이와 같은 고민으로 TV에 나와 상담을 하는 20대 여성을 본 적이 있다. 그녀는 보디 프로필을 준비했던 그때의 몸매를 유지하고자, 힘든 일상을 보내고 있다고 토로했다. 아직도 하루 5시간이 넘는 고강도 운동을 하고 있으며, 음식은 살이 찔까 두려워 마음껏 먹지 못하는 일상이어서 괴롭다고 했다. 그로 인해 폭식과 절식이 반복되어 급기야는 월경까지 중단된 상태라니…… 같은 여자로서, 딸을 가진 엄마로서 남의 일 같지 않아 너무도 안타까웠다. 그리고 내가 겪어 본 과정이었기에 그 고통이 어떨지가 고스란히 전해졌다.

고강도 운동으로 보디 프로필을 준비하고자 한다면 앞으로 이야기할 '과탄단(과일, 탄수화물, 단백질) 식단'을 꼭 한번 참고하기 바란다. 충분히 먹으면서도 예쁜 몸매를 가꾸는 방법이 있는데, 굳이 가시밭길을 선택하면서 그 좋은 봄날을 괴롭히지 않았으면 하는 바람이다. 단백질 가루나 닭 가슴살만으로 아름다운 청춘을 채울 필요는 없다.

3. 첫 한 알에 인생이 후덜덜

양약

비만 탈출의 경로를 찾아내는 건 쉽지 않았다. 그저 줏대 없는 다이어트만 반복해 댈 뿐이었다. 굶었다가, 또다시 먹었다가, 달려도 보고, 걸어도 봤다. 뚱뚱해서였을까. 이성에게 고백받은 적도 없고, 반대의 경우도 없었다. 그래서인지 '한창 좋을 나이'라는 말이 20대인 나에게는 전혀 와닿지 않았다. 80대 노인의 하루처럼, 뭐 하나 설렐 일 없는 그저 그런 날들의 반복이었다.

문득 얼굴에라도 정성을 쏟아야겠다는 생각이 들었다. 잡지를 펼치니 나 같은 여자들을 위한 조언이 가득 실려 있었다. '여자는 눈과 입으로 말한다'는 제목의 그 지면은 이성의 시선을 사로잡기 위한 메이크업 필살기가 가득했다. 그윽한 눈매를 위해 숯검정 같은 스모키 화장법이 친절히 설명되어 있었으며, 여성미의 완성은 핏기 없는 입술이라며 갈치 비늘색 같은 립스틱을 바르라는 지령을 내렸다. 하지만 그깟 화장품 한두 개로 나아질 미모가 아니라는 게 문제였다. 누구 말처럼 '호박에 줄 긋는' 매우 허망한 노동일 뿐이었다. 다시 태어난 것과도 같은 파격적인 방법이 있어야 했는데, 그것을 알게 된 건 매우 우연한 장소에서였다.

"손님, 편하게 둘러보세요. 어제 막 신상들이 들어왔어요."

날씬한 마네킹들이 입은 신상 옷을 만지작거리며 소심하게 가격표를 들춰 보는데, 직원이 살갑게 인사를 건넸다. 내 몸은 옷 가게에서 환영받을 사이즈가 아니었음에도 이 직원은 매우 친절했다. 그 호의가 고마웠다. 마지못한 듯 쭈뼛쭈뼛 들어갔다.

한눈에도 내 몸에 맞을 법한 사이즈는 없어 보였다. 하지만 함께 쇼핑에 나선 날씬한 친구는 이 옷 저 옷 입어 보느라 바빴다. 매장 한편의 작은 의자에 앉아 친구의 패션쇼를 영혼 없이 관람하고 있는데, 갑자기 짧은 한 문장이 고막에 정확히 파고들었다. 지금도 그때를 생각하면 심장이 두근거리는데, 그 이유는 '생후 첫 날씬함'을 가져다준 역사적 사건이기 때문이다.

"넌 15kg이나 빠졌어? 난 겨우 9kg이야."

의도치 않게 엿듣게 된 매장 직원의 통화 내용에 귀가 쫑긋거려서 미칠 지경이었다. 대체 왜, 무엇 때문에 그렇게나 살이 빠졌다는 것인지 어떻게든 알아내야 했다. 체면 따위 신경 쓸 처지가 아니라는 결단을 한 후, 단도직입적으로 물었다.

그녀는 싫은 내색 없이 친절히 알려줬다. 운동도 없이 단기간에, 그렇게나 많이 감량되는 방법이 무엇인지를 하나하나 모두 말해 주었다. 일단 '○○○병원'으로 가라고 했다. 그곳에 가면 순식간에 날씬해질 수 있다고 했다. 순간 복권 당첨이 예정된, 꿈 잘 꾼 사람이 된 것만 같았다. 나도 모르게 그녀의 날씬한 몸을 위아래로 훑었다. 못 믿을 이유가 없었다.

용하다는(?) 그 병원까지는 집에서 두 시간 거리였다. 하

지만 전혀 멀게 느껴지지 않았다. 날씬해질 상상을 하다 보니 어느새 병원에 도착해 있었다. 엘리베이터도 없는 낡은 건물의 3층 계단을 오르자 낯선 광경이 펼쳐졌다. 대기하는 모든 손님이 여자들뿐이었다.

내 차례가 되고 간단한 문진을 하고 체중을 재자, 바로 약 처방이 나왔다. 의사와의 문진은 '예' '아니오' 수준의 간단한 질문이 몇 개 오고 갔을 뿐이었다. 진료실을 나오면서 '이래도 되나?' 싶을 정도로 진료는 빛의 속도로 끝났다. 이렇게 빠르고 짧은 진료는 처음이라 왠지 걱정도 됐는데, 병원에서 봤던 이들이 약국 앞에 줄을 서 있는 광경을 보고는 이내 마음의 평정을 찾았다.

'아무렴 어때. 이렇게 많은 사람이 약을 먹고 있는데.'

하루 세 번, 식전 30분. 약을 입에 털어 넣으면 마법이 펼쳐졌다. 제아무리 산해진미를 차려 놓아도 도무지 먹고 싶은 의지가 생기지 않는 신통방통한 마법이었다. 그렇게 일주일이 지나고, 한 달쯤 되니 나의 체중은 확확 달라졌다. 믿을 수 없었다.

"이렇게 쉬운 길이 있었다니!"

그랬다. 그것은 식욕 억제제였다. 처음엔 무슨 약인지도 모른 채 먹었다. 물론 의사와 약사는 나에게 설명을 해 주었다. 하지만 그때 당시는 그 말이 귀에 들어오지도 않았고 중요하지도 않았다. 국가가 인정한 의료 면허를 가진 사람이 처방해 주고, 약사 면허를 가진 사람이 조제해 준 약 아니던가? 한 달이 지나고 다시 처방 약을 받으러 가서야, 약사의 설명이 귀에 들어왔다.

"식욕 억제제, 지방분해제, 변비약, 이뇨제, 위장약이고요. 물 자주 드세요."

음식이 돌로 보였다. 그동안은 돌이 음식으로 보일 때도 많았는데 말이다. 기분도 좋아지고 업무 집중력도 높아졌다. 점심시간이 너무 짧은 거 아니냐며, 우리나라도 프랑스처럼 점심시간을 2시간씩 줘야 선진국 대열에 낄 수 있다며 열변을 토하던 나는 어디 가고 없었다. 새 모이만큼 남기던 내가, 이젠 새 모이만큼 먹고 있으니 점심시간이 남아돌았다.

"왜 이렇게 살이 빠졌어?"

"이뻐졌네!"

만나는 사람마다 약속이라도 한 듯 같은 인사를 건넸다. 그러다 보니 매일 기분 좋은 날의 연속이었다. 예전 같으면 아무 일 없이 짜증 내고, 별거 아닌 일에도 예민했던 나였다. 하지만 어느 날부터인가 달라졌다. 야근이 많아도, 상사의 어이없는 꾸지람에도 웃으며 견딜 수 있었다. 예쁜 애들이 착

하다더니, 미모의 힘이란 이런 거였다.

첫 달에 4kg이 훌쩍 빠지더니, 두 번째 달이 되자 총 7kg이 빠졌다. 하지만 그 이후부터 더 이상의 감량은 없었다. 게다가 약을 이틀만 건너뛰어도 스멀스멀 식욕이 올라왔다. 급기야는 다시 예전처럼 돌이 음식으로 보이는 날도 생겨나기 시작했다. 이놈의 식욕이란 도무지 내 힘으로는 통제할 수 없는 영역이었다. 머리로는 아니라고 절레절레하면서도, 손과 입은 따로 놀았다. 이러면 그 어두웠던 뚱뚱한 과거로 돌아가는 건 시간 문제였다.

아찔했다. 다시 병원을 찾았다. 의사는 생각보다 간단한 선택권을 주었다. 식욕 억제제 개수를 늘리든지, 아니면 좀 더 강력한 성분의 약으로 교체하든지였다. 누구나 거쳐 가는 과정이라며 대수로울 게 없다는 듯한 뉘앙스였다. 나로서는 선택을 마다할 이유가 없었다. 더 세게 먹으면 더 날씬해질 거라는 단순한 판단이었다.

예상대로였다. 다시 체중계 바늘이 왼쪽으로 움직이기 시작했다. 급기야는 얼마 안 돼서 체중의 앞자리가 바뀌었다. 그것은 59kg! 초등학교 6학년 봄쯤에 만나자마자 이별했던 숫자였다. 이대로만 계속 감량이 멈추질 않는다면, 내 인생은 180도 달라질 거라 확신했다. 호락호락한 인생을 기대하며 약을 빠짐없이 성실히 먹었다.

하지만 시간이 흐를수록 감량 속도는 신통찮았다. 2개월까지는 시속 100km였다면, 3개월부터는 50km, 5개월 무렵엔 30km 이하의 스쿨존 같은 속도였다. 게다가 약을 먹어도 음식이 맛있고, 약을 안 먹으면 더 맛있었다.

시간이 흐를수록 내성이 생겨 버려 약효가 점점 약해져 갔다. 내성을 뚫을 수 있는 새롭고 강력한 식욕 억제제를 찾아내야만 체중을 유지하거나, 감량할 수 있었다. 새로운 약을 찾아 바쁘게 인터넷을 뒤지는 나 자신을 보고 있자니, 마치 마약 중독자 같았다. 하지만 일단 급한 불을 꺼야 했다.

결국 병원을 알아내어 새로운 약을 처방받았다. 그러자 식욕은 멈췄다. 하지만 약이 강해진 만큼 예상치 못한 증상도 생겨났다. 속된 말로 '미친년 널뛰기' 수준의 감정 기복이 생겨났다. 점점 정신이 피폐해짐을 느꼈다.

그러던 어느 날 식욕 억제제 부작용이 얼마나 위험한 것인지를 직접 경험하고야 말았다. 그날은 평소보다 길이 많이 막혔다. 가다 서다를 반복하며 지루한 운전을 하고 있는데, 문득 앞 차를 쾅! 들이박고 싶어졌다. 뭔지 모를 격렬한 충동이 어디선가 솟구쳤다.

'내가 왜 살고 있지? 무엇을 위해 이러고 있지?'

뭐라 표현할 수 없는 우울함과 허무함이 동시에 몰려왔다. 죽고 싶었다. 빵! 하고 터져 버리고 싶었다. 하지만 다행히도 막히던 길이 순조롭게 뚫리면서 요동치던 감정이 잠잠해졌다. 아무 일도 일어나지 않았지만 이내 죄책감이 밀려왔다.

'이러다가는 정말 다 죽고 없어질 수도 있어.'

원인이 무엇인지는 이미 알고 있었다. 낮에 용량을 늘려서 먹은 다이어트 약 때문이다. 그동안 끊고 싶은 생각이 들어 몇 번 중단을 시도하긴 했지만 늘 실패였다. 무섭게 폭발하는 식욕을 감당할 수가 없었다. 하지만 이렇게 불쑥불쑥 찾아오는 통제할 수 없는 감정은 더욱 나를 괴롭혔다. 어떤 날은 사는 게 우울했다. 만사가 싫고 이유 없이 눈물이 났다. 환경에 변화도 없고 특별히 달라진 게 없는 일상이었는데 말이다. 이 우울한 기분은 말로 표현할 수 없을 정도로 괴로웠다.

'약물 부작용에 의한 우울감 및 급격한 감정 기복.'

알고 보니 나뿐만이 아니었다. 식욕 억제제를 복용하는 사람들이 호소하는 흔한 증상이었다. 감정 기복이 롤러코스터와 같아서 일상이 힘든 사람들이 많았다. 게다가 이 증상은 컨디션이 안 좋은 날에 유독 심하다고 했다. 나의 경우가 그랬다. 이러다간 죽을 것 같았다. 게다가 점점 식욕마저 요동치기 시작했다.

약으로 다스려진 식욕은 내 의지로는 통제할 수 없었다. 그렇다고 단번에 약을 끊을 자신도 없었다. 이런 나를 다스려 줄 수 있는 강력한 무언가가 어디에 있지 않을까 싶어 매일같이 헤매고 다녔다. 마치 어제보다 독한 술을 마셔야만 직성이 풀리는 알코올 중독자처럼.

한약

그렇다면 주종(酒種)을 바꾸면 되는 일이었다. 계기는 오랜만에 만난 선배 언니와의 식사 자리에서 마련됐다. 그녀는 5살이나 어린 나보다 훨씬 앳되고 가녀린 모습으로 나타났다. 그런 그녀를 보자 나의 다이어트 하소연은 의자에 엉덩이를 대기도 전에 시작됐는데, 그녀는 격한 공감을 해 주더니 지갑에서 무언가를 주섬주섬 꺼냈다.

"너 그럼 한약 먹어 볼래? 난 그걸로 뺐거든."

그녀가 들이민 것은 한의원 명함이었다. 순간 머릿속에 오래된 트로트 노래 가사가 떠올랐다.

"우리 몸엔 우리 것이지, 남의 것을 왜 찾느냐."

왠지 한약이라면…… 건강하고 자연스럽게 살을 뺄 수 있을 것만 같았다. 심지어 그동안 먹었던 양약은, 나와는 국적이 달라서 내 몸을 몰라준 게 아닌가도 싶었다. 머릿속으

로 여러 정황을 살폈을 때 내 몸은 한약이 더 잘 맞을지도 모른다는, 근거가 한참 부족한 결론을 내리고는 과감히 한의원으로 향했다.

그곳에 들어서자 뭔가 익숙한 듯 익숙하지 않은 향에 코가 얼얼했다. 어릴 적 일 년에 한 번 정도 맡았던 아빠의 보약 냄새랑 비슷했다. 냄새만으로도 벌써 몸에 이로운 기분이 들었다. 한의사는 체중을 재고, 손목의 맥을 짚어 보더니 나더러 태음인이랬다가, 태양인이랬다가 고개를 갸웃거렸다. 결국엔 태양인으로 결론이 났는데, 그간 지구인으로만 살아온 나에게 새로운 호칭도 생기고 뭔가 신비로웠다. 그러고는 한자를 진료 차트에 써 가며 어려운 설명을 늘어놨는데, 내용인즉슨 이랬다.

"뚱뚱한 원인은 당신 탓이 아니고, 당신 몸의 어느 부분이 순환이 잘되지 않아서 독소가 쌓여 그것이 지방으로 축적되고 있는 탓이다."

그래서 독소를 제거해 줘야 날씬해진다는 원리였다. 매우 그럴싸했다. 내 탓이 아니라는 대목에서 엄청난 위로가 되었다. 바로 12개월 할부로 결제했다. 3개월은 먹어 줘야 요요도 없이 지낸다기에 과감히 3개월 패키지를 선택했더니 금액이 상당했다. 역시 미모라는 것은 의지로 될 일이 아니었다.

돈으로 만드는 것이지.

“어디서 구수하면서 씁쓸한 냄새가 나는데?”

탕비실에서 한약을 한 포 마시고 나오자마자 사무실이 술렁였다. 양약과는 달리 숨겨 놓고 먹을 수가 없었다. 어쩔 수 없이 한약 파우치 열댓 개를 탕비실 냉장고에 넣어 두고는 ‘간이 안 좋아서 먹는 보약’이라고 둘러댔다. 그러자 홍삼 엑기스 정도로 생각했는지, 몇몇 사람들이 그렇게 탐을 냈다. 이렇게 다이어트는 떳떳하기 힘든 작업이었다.

한의사의 말대로 독소가 빠져나가고 있는 건가 싶게 소변이 자주 마려웠다. 식욕도 없어지고 심장도 두근거렸다. 손도 덜덜 떨려 왔다. 하지만 이상하지 않았다. 양약을 먹었을 때의 증상과 별반 다르지 않았기 때문에 익숙했다. 이미 약물에 의존한 다이어트를 오래 해 와서인지 처음과 같은 파격적인 감량은 없었다. 그래도 먹을 때마다 마음의 위안이 되긴 했다. 하지만 식욕은 언제 터질지 모르는 풍선처럼 아슬아슬했다.

한약 역시도 시간이 흐를수록 양약과 비슷한 결과였다. 약을 먹으면 식욕이 잠잠하다가, 약을 멈추는 순간 내 의지로는 감당이 되지 않았다. 야금야금 살이 돌아오기 시작했다. 연어에게 귀소본능이 있듯, 혹시 내 살에도 그런 본능이

있는 게 아닐까 싶을 정도로 배, 허리, 팔뚝 살들은 귀신같이 제자리를 찾아갔다.

연어가 고향으로 돌아와 종족 번식을 위해 수만 마리의 알을 낳고 장렬히 죽는 것처럼, 이 살들도 나에게로 반드시 돌아와서 지방세포를 늘려 놓고 가야 하는 숙명인 걸까? 별의별 생각이 들었다. 어느덧 나의 체중은 다이어트 시작 전의 무거운 체중으로 돌아와 있었다. 복리 이자까지 붙은 건지 처음보다 4kg이나 불어난 72kg이었다. 중년 아줌마보다도 뚱뚱한 몸이 되어 버렸다.

4. 이번엔 단식이다

단식원

뚱뚱하든지 말든지 이제 대수롭지 않았다. 할 만큼 했다는 생각에 더 이상의 도전 정신이 생겨나지 않았다. 세상 희망 따위라고는 없는 무기력한 일상을 보냈다. 그렇게 언제나처럼 출근 준비를 하며 TV를 켰다. 개량 한복을 입은 혈색 좋은 중년 신사가 열변을 토하고 있었다. 듣자 하니 성인병과 비만으로 고생하다가, 단식을 통해 건강을 되찾았다는 내용이었다.

얼마 지나지 않아 단식 이야기를 또 들었다. 이번엔 예능 프로였는데 연예인 옥주현이 그 중년 신사와 비슷한 얘기를 하고 있었다. 건강도 좋지 않고 체중도 감량하고 싶어서 단식원에 들어가 살을 뺐다는 내용이었다. 당시 옥주현이 소속되어 있는 '핑클'이라는 아이돌 그룹이 엄청난 인기가 있었던 탓에 그녀의 발언은 크게 화제가 됐다. 너도나도 그녀처럼 단식으로 살을 빼고 싶다며 인터넷이 시끌시끌했다.

'그래. 이번엔 단식원이다!'

그녀가 있었다던 단식원을 수소문하여 찾아갔다. 회사에는 온갖 핑계를 대고 연월차를 끌어다가 휴가를 냈다. 동료들은 "성형수술 하러 가냐, 해외여행이라도 가는 거냐?"라며 남의 속 모르는 엉뚱한 의심을 해 댔지만, 난 아랑곳하지 않았다. 남들 보기에 떳떳한 일은 아니었지만 나에게는 간절한 일이었다.

가족들에게는 출발 당일 기습적으로 발표해 버리고는 짐가방을 들고 도망치듯 집을 나왔다. 버스 한 번, 전철 두 번을 갈아타고 물어물어 그곳에 도착했다. 하지만 단식원은 보이지 않았다. 스마트폰도 내비게이션도 없던 시절이라, 벽에 붙은 번지수를 일일이 헤아려 가며 한참을 헤매고 있는데, 웬 낡은 주택에 내가 찾던 번지수가 붙어 있었다.

'여기가 단식원이라고?'

주소가 적힌 종이와 대문에 붙은 번지수를 번갈아 보며 내 눈을 의심했다. 몇 번을 확인해도 일치했다. 세련된 빌딩까지는 아니어도 동네 태권도 학원쯤 되는 건물을 상상했는데, 전혀 다른 풍경에 나는 당황했다. 마당이 있고 큰 나무가 있는 조용한 단독주택이었다. 간판 없는 숨은 맛집 같은 느낌도 났다. 대문을 열고 들어가 앉아 있으면 누군가 시골 밥상을 한 상 차려 줄 것 같은 분위기였다.

'이런 곳에서 2주일이나 굶을 수 있을까?'

의심스러웠다. 하지만 돌아가기엔 너무 멀리 와 버렸다. 과감히 손잡이를 밀고 안으로 들어가자 내 눈이 커졌다. TV에서 봤던 그 중년 신사가 그곳에 앉아 있었다. 개량 한복 차림에 얼굴엔 여전히 번쩍번쩍 광이 났다. 그는 "누구세요?"라든지 "어떤 일로 오셨는지요?" 같은 질문은 하지도 않은 채, 자연스럽게 의자를 내주었다.

그러고는 당연하다는 듯이 단식원을 거쳐 간 유명인과의 친분 및 본인의 과기지시에 대해 말을 이어 갔다. 이어서 내 몸을 위아래로 훑더니 '단식에 딱 맞는 몸'이라는 덕담(?)

과 함께 단식원 내부를 안내했다. 2주 동안 지낼 방을 소개할 차례가 되자, 갑자기 어디선가 쿵쾅거리는 소리가 들려왔다. 방문을 열어 보니 10명 정도가 이부자리 위에 누워 있었다.

“자, 인사들 하세요. 저기 머리 긴 여성분은 제주도에서 오셨고, 창문 옆에 안경 쓴 여성분은 부산에서 왔는데 동생이랑 같이 오셨고……”

연예인의 언급 한 번으로 단식원은 전국 각지에서 모여든 사람들로 들끓었다. 그때나 지금이나 매스컴의 힘이란 대단했다. 그래서인지 원장은 어깨에 힘이 잔뜩 들어가 있었다. 하지만 오히려 그런 상황이 나에게 안심을 줬다. 혼자서는 엄두가 나지 않는 일이겠지만, 여럿이 함께한다고 생각하니 두려움이 덜했다. 과감히 입소를 결정했다. 비용은 1주에 70만 원, 2주엔 파격 할인이 적용되어 110만 원이라고 했다. 일단 1주만 해 볼까 싶어서 우물쭈물하는 나를 보며 원장이 말했다.

“아가씨는 2주짜리야. 하라는 대로 따라와 봐요. 단식 끝나면 바로 애인 생겨.”

마치 점쟁이가 예언하듯 원장은 힘있게 말했다. 주섬주섬 지갑을 열었다. 몇 초도 되지 않아 결제가 완료됐다. 이젠 진짜 건널 수 없는 강을 건넌 기분이었다. 지나고 나서 하는 말이지만, 20년 전 비용치고는 지금 물가로 따져 봐도 비싸다는 생각이다. 하지만 그때로 다시 돌아가도, 나는 망설이지 않았을 것이다. 다이어트에 들어가는 돈은 내게는 '비용'이 아니었기 때문이다. 그것은 주식이나 부동산 매입과 같은 일종의 '투자'였다. 언젠가는 날씬해질 거라는 믿음에 대한 투자.

단식의 원리도 어디서 많이 들어본 익숙한 내용이었다. 지난번 한약 다이어트의 이론과 비슷했는데 '독소와 노폐물 제거'가 핵심이라고 했다. 그 말을 듣자 짜증이 올라왔다. 독극물 한 번 마셔 본 적 없는 사람이 난데, 내 몸엔 대체 뭔 놈의 독소가 그렇게 많아서 뚱뚱하다는 건지. 억울했다. 하지만 마음을 다잡았다. 그러고는 그가 하라는 대로 순순히 따랐다.

우선 단식에서는 장을 비우는 절차가 첫 번째였다. 구충제 1알과 변비약 4알을 먹었다. 얼마 지나지 않아 배가 아파왔다. 독소를 빼내기 위한 첫 단추라기에 투정 없이 이를 악물었다. 밤새 배앓이를 하며 화장식을 들락거렸다. 더는 나올 변이 없을 정도가 되자 잠이 들었다. 잠깐 눈 붙였을 뿐인데 일어나 보니 오전 11시. 설사하느라 하루를 날렸다고 생각하니 돈이 아까워 죽을 것만 같았다. 돈 때문에라도 목표

체중을 달성하겠노라 다짐했다.

하지만 '프로그램'이라고 부르기도 뭐한 것이, 특별히 하는 게 없었다. 허용되는 것은 소금물과 비타민 한 알, 그리고 단식원장이 한 방울 한 방울 직접 만들었다는 정체 불명의 효소 엑기스 한 잔이 전부였다. 그 외에는 먹을 수도 없고……. 이런 사람들에게 뭘 시켰다가는 사고로 이어질 지경이었다. 그러다 보니 조용히 누워 있어야 하는 시간이 대부분이었다. 그나마 할 수 있는 것은 기껏해야 아침에 요가를 20분 정도 하는 것이 전부였다. 그래도 기력이 남는 사람은 오후에 근처 공원으로 산책을 나갔다. 가끔 마음이 급한 사람들은 땀이라도 빼겠다며 근처 사우나로 향하기도 했다.

하지만 모두가 함께 거쳐야 할 공통 과제는, 이러나저러나 배고프고 긴긴 밤을 견디는 것이었다. 그래도 여럿이 같이 굶으니 할 만했다. 이래서 학창 시절에도 혼자 혼나는 것보다 단체 기합이 덜 힘들었구나 싶었다. 여자들끼리만 있다 보니, 밤새 수다가 끊이질 않았다. 지난 다이어트 에피소드를 한 개씩 털어놓기만 했을 뿐인데, 고맙게도 금세 날이 밝았다. 그렇게 5일쯤 지나니, 배가 홀쭉하고 얼굴에 핏기가 없는 것이 거울에 비친 내 모습이 꽤나 청초하게 느껴졌다. 굶는다는 건 지방이 빠지는 것이 아니다. 수분이 빠져나갈 뿐인데,

그걸 모르고 얼굴이 초췌해질수록 기분이 좋아졌다.

'그래. 결국은 굶는 게 장땡이구나.'

딱 쓰러지기 일보 직전이 되었을 무렵, 묽디묽은 숭늉 같은 죽이 한 그릇 나왔다. 일명 '도배 풀'이라 불렸는데, 정말 건더기 하나 없는 물에 가까운 죽이었다. 그래도 반가웠는지, 내 손은 얼른 수저를 집어 들었다. 하지만 이내 빼앗겼다. 이틀 후 퇴소 예정인 부산 자매의 것이었다. 그녀들은 단식을 마무리하기 전에 천천히 영양소를 보충해 주는 보식(補食)을 해야 했다. 처음엔 묽은 죽으로 시작하여, 퇴소 당일엔 단호박 죽으로 마무리하는데, 동시에 단식원과도 이별할 수 있는 행복의 절차였다.

나도 먹고 싶었다. 그 묽은 죽 한 그릇. 아니 한 수저라도 먹게 해 준다면, 남은 일주일을 거뜬히 버틸 수 있을 것만 같았다. 하지만 단식 중에는 응급환자가 아닌 이상 먹는 것은 절대 허락하지 않았다. 너무 배가 고픈 나머지 기절한 척 연기라도 해 볼까 싶었지만, 평소 연기력이 없던 나에게는 무리였다. 그렇게 일주일이 지나고 열흘이 되자 말할 힘도 없었다. 예민할 대로 예민해져서 어떤 사람들은 별일 아닌 걸로 심하게 싸우기까지 했다.

'지옥이 따로 있나. 여기가 지옥이지.'

세상에서 가장 느리다는 국방부 시계보다 더 지독한 시계가 단식원 시계 같았다. 군대는 밥이라도 주지, 여긴 그냥 눈 떠도 굶고 눈 감아도 굶으니 하루가 그렇게 길 수가 없었다. 그렇게 어느새 12일 차를 맞이했다.

"야호! 드디어 나도 첫 죽을 먹는다!"

동트기만을 기다리며 이리 뒤척 저리 뒤척거리다 오히려 평소보다 늦게 일어났다. 미친 듯이 식당이 있는 1층으로 내려갔다. 김이 모락모락 나는 그릇이 테이블에 놓여 있었다. 순간 마음이 경건해졌다. 심호흡을 크게 한 번 했다.

'최대한 천천히, 한 숟갈 한 숟갈 아껴서 먹으리라, 이 시간을 최대한 길게 즐기리라.'

스스로 진정시키며 천천히 죽 그릇을 몸 가까이 당겼다. 수저를 잡으려니, 손이 떨려 왔다. 그 손 떨림마저도 기뻤다. 그만큼 내 몸의 독소가 많이 빠진 증거라 여기고 싶었다. 이윽고 죽을 한술 떠 올렸다. 후후 불며 입안으로 천천히 넣으려는데, 갑자기 얼굴에 뜨거운 뭔가가 느껴졌다. 손등으로 훔쳐내는데, 짭짤하고 익숙한 냄새가 났다. 눈물이었다.

'이게 뭐라고. 겨우 묽은 죽 한 그릇 얻어먹으면서 눈물을 흘리고 앉아 있다니.'

피 같은 돈 100만 원도 넘게 내고, 쫄쫄 굶고 앉아 있는 내가 한심했다. 생각할수록 자신이 초라했다. 그래도 먹어야 했다. 무수히 많은 밤낮을 산 송장처럼 지내며 기다린 게 이 날이었다. 입안에 넣자마자 고개가 갸웃했다. 기대를 저버리는 무맛. 허무했다. 굶었다 먹으면 꿀맛일 줄 알았는데 아무리 굶었어도 무맛은 무맛이었다. 천천히 즐기고 말고 할 것도 없이, 그릇째 들고 두어 번 들이키고 나니 바닥이 보였다. 당황했지만 이내 마음을 추슬렀다.

'그래. 내일 두 번째 보식이 있으니까. 괜찮아.'

나를 다독였다. 하지만 남은 하루가 버텨 온 날보다 더 길게 느껴졌다. 힘을 냈다. 힘내서 잘 누워 있었다. 마치 번데기 속 애벌레처럼, 겨울잠에 들어간 개구리처럼, 옴짝달싹하지 않았다.

'그래. 여기까지 잘 왔잖아. 보식 한 번만 더 먹으면 마지막 날이야.'

내 머릿속엔 오직 숫자 '14'만 선명했다. 14일만 채우면 새 인생을 시작할 수 있다는 그 희망으로 버텼다. '소리 없는 외침'이라는 이율배반적인 말처럼, '움직임 없는 몸부림'을 쳤다. 두 번째 보식이 다가왔다. 어제보다는 건더기가 간간히 보였지만 씹을 새 없이 물처럼 넘어가기는 마찬가지였다.

그러고는 대망의 퇴소 날을 맞이했다. 눈뜨자마자 체중

을 재니 -7kg. 14일 만에 -7kg이라니! 약으로 뺀다고 해도 두 달은 걸려야 빠지는 숫자였다. 비용은 효과와 비례하는 법. 단식원에 갖다 바친 110만 원이 전혀 아깝지 않은 순간이었다. 적어도 이때까지는 말이다. 그렇게 기다리던 단호박죽 식사를 끝으로 잽싸게 짐가방을 챙겼다. 종착지는 이 한 그릇이었나 싶어, 피식 웃음도 났다.

단식원 동료들과 "두 번 다시 단식원에서 만나지 말자." 라며 조폭 같은 짧은 인사를 하고는 뒤도 안 보고 헤어졌다. 힘찬 발걸음으로 전철역까지는 어찌어찌 걸어왔는데, 갑자기 다리에 힘이 풀리면서 도저히 개찰구까지 내려갈 엄두가 나질 않았다. 더구나 집까지는 전철을 타고 두 시간이나 가야 했는데, 생각만 해도 현기증이 났다. 이러다 병원에 실려 갈 수도 있겠구나 싶었다. 어쩔 수 없이 택시를 잡았다. 목적지를 말하자 기사님의 입꼬리가 한껏 올라가는 것이 보였다. 몸 가누기가 힘들어 창문에 잠시 기대었을 뿐인데, 이내 잠들어 버렸다.

택시 기사의 "도착했습니다."라는 말에 깨어 보니 정말 집 앞이었다. 달린 건 택시인데 힘든 건 내 몸이었다. 무겁지도 않은 짐가방을 들고 간신히 엘리베이터를 탔다. 현관문을 열고 집으로 들어서니, 가족들은 언제나처럼 TV를 보고 있었다. 나의 등장을 예상하지 못해서인지, 아니면 몰라보게 날씬해진 탓인지 나를 보는 눈빛이 예전과는 달랐다. 으쓱하며 거실로 들어섰는데 오빠의 순진무구한 질문이 이내 나를 허무하게 만들었다.

"단식원 갔다더니, 안 간 거야?"

이 초췌하고 청초한 얼굴을 보고도 몰라서 묻는 건지, 아니면 놀리자고 일부러 저러는 건지 싶어 힘껏 쏘아봤다. 하지만 언제나 가감 없이 보이는 대로 말하는 사람임을 누구보다 잘 알고 있는 나였다. 그의 말엔 팩트가 반드시 들어 있다. 정확했다. 체중계 위에서만 -7kg였을 뿐, 굶어서 뺀 겉모습은 대단히 달라지지 않았다.

단식으로 얻은 게 있다면 빈혈과 예민한 후각이었을 뿐. 그래서인지 저 멀리 어디선가 짜장면과 탕수육이 나와 가까워지는 듯한 느낌이 들었다. 그러고는 이내 벨 소리가 울렸다. 일요일엔 집밥 먹기 싫다며 오빠가 시킨 음식들이었다.

"네가 먹을 복은 있어, 그렇지?"

배달 타이밍에 딱 맞게 도착한 나의 먹을 복에, 가족들이 고개를 절레절레 흔들었다. 그렇게 내 인생의 처음이자 마지막이었던 단식은, 가족들과 오붓하게 중국 음식을 먹으며 실패로 끝냈다. 3일 만에 고스란히 원래의 체중으로 복귀했으

며, 폭발적인 식욕은 덤이었다.

일주일쯤 되자 단식하기 전보다 5kg이나 증가했다. 요요가 이렇게 무서운 것이었다. -7kg 감량된 것까지 합산하면 총 12kg을 단기간에 찌운 것이다. 대체 나는 무엇을 위해 그 고생을 한 걸까? 남은 것은 만신창이가 된 마음과 텅 빈 통장, 그리고 더 커져 버린 몸이었다.

간헐적 단식

'간헐'이라는 단어가 있다는 것을 처음 알게 된 계기가 '간헐적 단식' 때문이었다. 창피한 일이지만 그전까지는 이런 단어가 있는 줄도 모르고 살았다. 그래서 말로만 들었을 때는 도통 어떤 스타일의 단식이라는 것인지 감을 잡지 못했다. 국어사전을 펼쳤다.

"간헐(間歇): 얼마 동안의 시간 간격을 두고 되풀이하여 일어났다 쉬었다 함."

TV 공중파를 통해 이 단식법을 알게 되었을 때만 해도, 내 마음은 좀처럼 열리지 않았다. 다큐멘터리 속의 여성 사례자는 고기, 밥, 국수, 빵, 과일 등 원하는 것을 마음껏 먹었으며 심지어 과자와 아이스크림을 먹기도 했다. 그럼에도 10kg이나 감량하였으며, 그 후 체중 유지도 어렵지 않게 이어 나

가고 있다며 행복해했다.

그 밖의 여러 사례자가 간헐적 단식을 통해 감량된 모습을 증명했는데, 그로 인해 전국적으로 간헐적 단식 돌풍이 불어닥쳤다. 그 방송에서 추천한 간헐적 단식의 대표적인 방법은 아래 두 가지였다.

- **16:8** : 16시간 공복 후 8시간 동안 섭취
- **20:4** : 20시간 공복 후 4시간 동안 섭취

간헐적 단식의 큰 맥락은 '먹는 시간과 먹지 않는 시간'을 철저히 구분 짓는 것이다. 주로 해가 떠 있는 8시간 동안 먹고, 해가 지는 저녁부터는 공복에 돌입해야 했다. 특히 공복 유지가 중요했는데, 그 이유로는 노폐물과 독성이 배출되는 시간이기 때문이라고 했다. 그로 인해 살도 빠지게 되는 것이며, TV 속 사례자는 무려 20kg이나 감량했음을 증명했다.

'공복은 잠자는 시간이랑 아침 한 끼만 건너뛰면 저절로 해결되겠고, 섭취 8시간은 점심부터 저녁까지 먹으면 해결인 거네. 이렇게 쉽다니!'

당장 다음 날부터 시작했다. 우선은 수월하다는 16:8을

선택했다. 순조로웠다. 깨어 있는 8시간 동안 먹으라는데, 이것도 못 한다면 대체 무슨 다이어트를 한단 말인가? 일단 해 보기로 했다. 그리고서 체중을 재 보면 판가름이 날 일이니, 손해 볼 일 없는 장사라는 생각이었다. '일주일쯤 하면 감이 오려나? 아니야. 적응 기간도 있어야 하니 2주는 해 봐야겠다!'

점심부터 저녁까지 먹고 싶은 만큼 먹었다. 과식이나 폭식이라 생각하지 않고, 몸이 원하는 대로 먹었다. 간식, 야식 없이 공복시간을 철저히 지켜서인지 식사가 그렇게 꿀맛일 수 없었다. 게다가 8시간을 충분히 만끽하는 하루하루를 보내서인지, 시간도 잘만 흘러 줬다. 나름 마음가짐을 단단히 하고자 체중계도 멀리했다. 0.5kg, 1kg에 집착하다 지레 포기했던 과거를 떠올리며 일희일비하지 않겠노라 다짐했다.

그 덕에 힘들이지 않고 금세 2주가 지나갔다. 그동안은 1분 1초가 지옥같이 괴로웠던 다이어트였는데 이번엔 달랐다. 간만에 체중계 앞에 서니, 심장이 두근거렸다. 이렇게 행복하게 먹고도 감량이 되어 주기만 한다면, 난 간헐적 단식을 특별 대우해 줄 생각이었다. 우리 가문의 '인생 다이어트'로 공식 지정할 작정이었단 말이다.

'어라?'

체중계가 고장이라도 난 걸까. 건전지를 넣었다 빼기를 수차례 반복해 봐도, 체중계는 이상이 없었다. 하지만 체중계에 찍힌 숫자가 이상했다.

'3kg이나 더 쪘다고?'

대체 왜 더 무거워졌단 말인가? 20kg을 감량했다는 TV 속 그 여성의 사례가 거짓말이 아니라면, 내 체중도 조금은 가벼워져야 맞는 말이다. 대체 무엇이 잘못되었던 걸까? 희망의 끈을 쉽사리 놓을 수가 없었다. 그 방송이 거짓일 리 없고, 성공 사례도 한두 개가 아니기 때문이었다. 그렇다면 남은 방법은 한 가지. 더 긴 공복을 견뎌야 하는 '20:4'에 돌입하는 것뿐. 공복이 길수록 노폐물과 독성이 더 잘 빠진다고 하니, 승부를 보고 싶었다.

'그래. 내 뚱뚱함이 어제오늘 만들어진 게 아닌데, 20:4 정도는 해 줘야 양심적이지.'

다시 마음을 추슬렀다. 20시간의 강력한 공복이라면 증량된 3kg까지 단번에 빼 줄 수 있을 것 같았다. 점심부터 오후 4시까지 배불리 먹고, 남은 시간은 공복을 유지하면 되는 것이니, 대단히 힘든 일은 아니라 생각했다. 하지만 예상은 어디까지나 예상일 뿐이었다.

16시간과 20시간의 공복은 천지 차이 그 자체였다. 긴

시간 굶은 만큼 식사는 폭식으로 이어졌다. '오직 4시간뿐'이라는 압박이 더욱 음식에 집착하게 했다. 게다가 식사가 끝난 후에는 더 힘겨운 싸움이 시작됐다. 그것은 식곤증이었다.

16:8에서는 느껴 보지 못한, 강력한 유혹이었다. 카페인이 잔뜩 들어 있는 음료를 아무리 털어 넣어도 소용없었다. 긴 공복을 버티랴, 반복되는 폭식을 소화하랴, 내 몸은 고단한 육체노동이라도 하는 사람인 듯 그렇게 피곤할 수가 없었다. 공복엔 먹지 못해 날카롭고, 식후엔 만사가 귀찮다 보니, 예상치 못한 부작용이 따라왔다. 그것은 '집중력 저하'였다.

업무 능률은 곤두박질쳤으며, 평소 하지 않았던 소소한 실수가 점차 큰 지장을 초래했다. 나의 작은 부주의로 인해 팀원들이 고생하는 날들이 많아지고 업무 진행이 원활하지 않았다. 내 일상은 뒤죽박죽 그 자체였다. 남들이 다이어트에 성공했다는 그 방법으로, 하라는 대로 했을 뿐이었다. 하지만 시간이 흐를수록 흔들렸다. 더 나아진 삶으로 가는 방법이 맞는지 의심스러웠다.

그렇게 나는 한 달간의 간헐적 단식으로 총 4kg을 찌웠다. 분명 내가 시작한 것은 '간헐적 단식'이었는데, 끝나고 보니 '간헐적 폭식'이 되어 있었다.

나에게는 아무 효과를 보여 주지 않았던 이 방법은 오히려 쉴 새 없이 자주 먹어 가며 살찌운 사람에게 큰 체중 감량을 선사했다. 그 주인공은 나의 사촌 언니였다. 그녀가 오랜 미국 생활을 마치고 7년 만에 귀국했을 때, 나는 그녀를 알아보지 못했다. 작고 아담한 체형이었던 그녀는, 허리둘레가 몇일지 가늠이 되지 않을 정도로 뚱뚱해져 있었다. 오랜만에 만난 그녀와 대화를 나누다, 최근에 실패한 간헐적 단식에 대해 이야기하게 되었다. 그녀는 매우 큰 관심을 보였다.

"그런 다이어트가 있었어? 내가 한번 해 볼까?"

그녀는 과감히 20:4로 시작했다. 그러고는 3주 후 다시 만났을 때는 배가 홀쭉해져 있었다. 나에게는 아무런 효과가 없던 이 방법이, 그녀에게는 최고의 다이어트 방법이었던 것이다.

"언니, 대체 몇 kg이나 감량한 거예요? 몰라볼 뻔했어요!"

"응. 6kg이나 빠졌어. 나도 이렇게 큰 효과를 볼 줄은 몰랐네."

간헐적 다이어트를 하기 전 그녀의 식습관은 조금씩 자주 먹는 타입이었다. 간식이며 식사며 정해 놓은 시간 없이 아무 때나 먹었고, 그래서 '공복'이라는 것을 느낄 새가 없었다고 했다. 그런 그녀에게 규칙적인 단식은 몸에 이롭게 작용

한 듯했다. 간헐적 단식의 원리대로 공복 시간 동안 노폐물을 배출시키며 불필요한 지방을 에너지로 사용하여 없애 버린다는 이론이 맞는 듯했다. 운동이라고는 숨쉬기 말고는 한 게 없다는 그녀가 부럽기만 했다.

하지만 각종 식욕 억제제를 복용해 가며 '굶기'를 반복했던 내 몸은, 긴 공복을 달가워하지 않았다. 독소 배출이나 정화를 위한 시간이 아닌, '위기'라고 느낀 게 아니었나 싶다. 그래서 아무것도 내놓지 않으려고 단단히 작정하고, 오히려 지방을 움켜쥐려고 안간힘을 쓰느라 나에게는 효과가 없었다는 결론에 도달했다.

'세상의 다이어트는 나만 왕따시켜!'

다이어트도 백인백색이라더니 그 말이 맞았다. 누구에게는 최고의 방법이지만 또 누군가에게는 아무 효과가 없을 수도 있는 걸 보니 말이다.

5. 풀이냐, 고기냐?

자연식물식

즐겨 보는 유튜브 채널이 있었다. 독서, 건강, 은퇴 준비를 다루는 채널이었다. 차분하게 책상에 앉아 책을 읽어 볼 성격은 못 되지만, 그래도 항상 세상 지식에 대한 갈증이 있는 나에게는 여러모로 유용했다. 크게는 유명 CEO의 성공담부터, 작게는 일반인들의 소소한 재테크 스토리까지 다양하게 접할 수 있었고, 무기력한 일상에 동기를 부여하는 내용도 많았다. 그렇게 언제나처럼 애청하던 중, 내 눈에 쏙 들어오는 제목을 발견했다.

"비법 공개! 운동 없이 2개월에 -18kg!"

50대 중반 남성의 다이어트 before & after 사진으로 시작하는 이 영상의 주인공은 다름 아닌 채널 운영자였다. 영상의 길이는 약 40분 분량이었는데, 단 한 번의 건너뛰기 없이 집중할 수 있을 만큼 내용이 강력했다. 그도 그럴 것이 '2개월에 -18kg'이라는 주제만으로도 눈이 번쩍 떠질 지경인데, '운동 없이'라는 전제까지 들어 있다니. 다이어트를 날로 먹고 싶어 하는 나 같은 사람에게는 로또 당첨 같았다.

처음엔 무슨 약이라도 팔아 볼 심산인가 의심했다. 하지만 아니었다. 정말 음식만으로, 그리고 그 어떤 운동도 없이 살을 뺀 것이 맞았다. 영상을 보고 또 봤다. 메모를 하고 또 했다. 이번만큼은 제대로 날로 먹을 생각이었다. 그래서 인터넷으로 자료를 더 찾아보고, 알아봤다.

'진짜네. 이런 다이어트가 있었다니!'

그가 성공했다는 다이어트의 정식 명칭은 '자연식물식'이라는 식이요법이었다.

• 채소, 과일, 현미밥을 원하는 만큼 실컷 먹는다.

• 단, 동물성 식품과 유제품, 기름류는 절대 금지한다.

(고기, 계란, 닭, 생선, 우유, 치즈, 요거트, 버터, 식용유, 참기름 등)

• 운동도 금지한다.

• 간헐적 단식과 병행하면 더욱 감량이 빠르다.

ex: 16시간 단식 8시간 섭취 / 18시간 단식 6시간 섭취

먹는 시간과 먹지 않는 시간을 지키면 감량 효과 Up

육류, 유제품은 안 된다고? 가혹했다. 그래도 마음이 혹했다. 왜냐하면 이보다 '빠른 감량'을 보장하는 다이어트는 본 적이 없기 때문이었다. 2개월에 -18kg이라면 고기쯤은 잠시 포기할 수 있을 것 같았다. 2년도 아니고 2개월만 참으면 새 인생이 시작된다. 게다가 이 남성은 '운동 절대 금지'라며 고마운 당부까지 하고 있지 않나?

알다시피 중년의 감량은 쉽지 않다. 특히나 여성의 경우 더욱 어렵다. 출산과 갱년기를 거치면서 호르몬의 영향으로 지방이 잘 축적되는 체질이 되기 때문이다. 이런저런 이유로 다이어트 재도전을 망설이기만 하는 나에게, 이 다이어트와의 만남은 행운 그 자체라는 생각마저 들었다.

의미 없이 잘만 흘러가는 게 시간 아니던가? 두 달 후엔

S라인의 미녀가 되어 있을 것을 생각하니 마음이 급해졌다. 단숨에 시작을 결정했다.

'해 보자. 실컷 먹고 운동도 필요 없고. 게다가 2개월에 -18kg이라잖아!'

당장 퇴근길에 근처 마트에 들렀다. 과일과 채소를 한 무더기씩 샀다. 그러고는 집에 도착하자마자 싱크대 한쪽에 웅크리고 있던 현미 포대를 끌어냈다. 밥솥에 우르르 들이부었다. 몇 인분인지 가늠할 필요가 없었다. 식사량에 제한 없이 많이 먹으랬으니. 밥을 수도 없이 지어 봤지만 10인용 밥솥을 꽉 채워 보긴 처음이었다.

"취사가 끝났습니다. 밥을 저어 주세요."

친절한 밥솥의 안내에 따라 밥솥을 열었다. 밥그릇에 먹을 만큼 덜려다가 멈췄다. 그러고는 솥째 들어 올렸다. 내 몸 어디선가 전투력이 솟구쳤다. 앉은 자리에서 현미밥에 맨 김을 한 장 얹었다. 간장을 조금씩 찍어서 연신 입으로 밀어 넣었다. 먹다 보니 금세 솥의 바닥이 보이기 시작했다. 내 눈을 의심했다. 이내 밥솥은 싹 비워졌다. 태어나서 처음이었다.

'내가 밥 한 솥을 먹다니.'

세상은 그동안 '밥을 줄여라, 탄수화물은 죄악이다.'라며 곡식과의 이별을 강요했다. 마치 그런 세상에 반항하고 싶은 사춘기 아이처럼 보란듯이 밥 한 솥을 먹어 치웠다. 빈 밥솥을 보니 당황스러웠다. 그런데도 배 속은 허전했다. 분명 위장에 밥은 가득 찼는데, 뇌까지 전달되는 포만감이 없었다. 밑 빠진 독에 물 붓는다는 말이 이런 거였구나 싶었다. 예상치 못한 결과에 한참을 고개만 갸우뚱하다 이내 잠이 들어버렸다.

알람 소리에 화들짝 놀랐다. 눈떠 보니 아침 7시. 밥 한 솥을 비운 채, 그대로 잠들어 버린 것이다. 하긴 그 많은 양을 혼자 해치우느라, 내 몸이 지치는 건 당연했다. 하지만 나는 어제의 전투력이 사그라들세라 다시 첫 끼를 시작했다.

이번엔 오렌지였다. 과일도 먹고 싶은 만큼 실컷 먹으라길래, 까는 족족 입속으로 밀어 넣었다. 정신 차렸을 때는 이미 20개나 해치운 후였다. 그런데 또 믿을 수가 없었다. 이번에도 어제와 같은 현상이 일어났다. 배는 찼는데 포만감이 없는 희한한 상황. 20개를 더 먹으라고 해도 먹을 수 있을 정도로 배부름이 느껴지질 않았다. 마치 포만감을 관리하는 뇌의 어느 부분이 고장이라도 난 듯했다. 정말 아무 느낌이 없었다.

그렇게 소처럼 먹었더니 3일이 훌쩍 지났다. 세상은 '탄수화물과 당분'을 멀리하라고 신신당부했다. 그러다 보니 이

두 가지를 실컷 먹어야 하는 내 마음도 마냥 편한 것은 아니었다. 그렇게 불편할 수 없었다. 솔직히 살이 빠지는 건 둘째 치고, 오히려 그 반대가 아닐까 의심스러웠다.

'2개월에 -18kg이라면, 3일간 단 100g이라도 감량되었겠지.'

나는 큰 결심이라도 한 듯, 두 눈을 질끈 감고 체중계에 올랐다. 사실이었다. 세상에 이런 다이어트가 있었다니. 발견해 낸 나 자신이 기특했다. 무려 3kg이나 감량되었기 때문이다. 나는 이내 머릿속으로 계산기를 두드렸다.

'3일 동안 3kg이나 빠졌으니까, 30일이면 -30kg?'

혼자 산수 놀이를 해 가며 신나게 한 달 후를 상상했다. 2개월을 채웠다가는 내 몸은 소멸될 예정이라는 빠른 계산도 나왔다. 소멸이라니, 생각만 해도 웃음이 났다. 그렇게 일주일이 지나고 열흘이 되었다. 시간이 지날수록 살이 빠진다는 그 원리를 기대하며 이번엔 당당히 체중계에 올랐다. 하지만 -500g. 물론 첫 3일간의 감량이 대단했기에 이번 결과는 실망이었다. 하지만 소처럼 먹은 걸 감안해도 놀라운 결과였다. 열흘간 총 -3.5kg이라니. 게다가 그 어떤 운동도 없이 말이다. 순조로운 진행이었다.

세상의 전문가들이 말하는 것과는 반대로 했을 뿐인데,

살은 조금씩 계속 빠지고 있었다. 점차 먹는 양도 줄어갔고, 처음처럼 밥을 한 솥씩 먹고 싶은 생각은 들지 않았다. 하지만 여전히 제대로 된 포만감은 느낄 수가 없었다. 그렇게 배불리, 마음껏 먹고 있는데도 '잘 먹었다!'라는 만족감이 들지 않았다. 소처럼 많이 먹는 식사라더니, 정말 소처럼 감정마저 없어지는 그런 기분. 그래도 미미하게나마 감량이 지속되는 것을 보니, 신기하긴 했다.

자연식물식을 소개한 그 유튜버는 『다이어트 불변의 법칙』이라는 책도 함께 소개했다. 이 책의 내용을 실천한 결과가 -18kg이라며 꼭 읽어 보라고 당부했다.

'그래. 흔들리지 않으려면 확신이 있어야지.'

자연 위생학자인 하비 다이아몬드 박사가 쓴 이 책은, 기존의 다이어트와는 매우 반대되는 이론으로 가득했다. 그는 과일이나 채소를 주식으로 할 것을 강조했다. 그것이 비만 없이 살 수 있는 유일한 길이라며 육식 섭취를 경고했다. 풀과 열매만으로 한결같은 체형을 유지하는 밀림의 동물처럼, 사람도 그렇게 먹어야 한다고 했다.

일리 있다는 생각이 들었다. 동물들의 체형은 쌍둥이처럼 똑같지 않은가? 얼룩말이며, 기린이며 약간의 크고 작음만 있을 뿐이다. 사람처럼 누구는 뚱뚱하고 누구는 날씬한

그런 동물은 없다. 오직 인간만이 제각각의 체형을 갖고 있다. 게다가 온갖 좋다는 것을 고루 먹는 존재도 인간이 유일한데, 각종 질병에 시달리다가 생을 마감하는 존재 역시 인간이다.

하지만 밀림의 동물들은 그 반대이다. 먹이의 종류는 손에 꼽히는 몇 가지뿐임에도 불구하고, 그들은 인간처럼 비만하거나 여러 질병에 시달리다 죽는 일은 드물다. 다만 그들에게도 예외의 경우가 있긴 하다. 인간과 함께 살며 가공 사료로 길러지거나, 인간의 음식을 먹었을 때이다. 평소 생각해 본 적 없는 이 사실에 대해, 저자는 그것이 '가공식품' 때문이라며 자연식을 해야 한다고 강조했다. 그가 주장하는 내용을 정리해 보면 아래의 6가지이다.

- 체내의 독소를 정화하는 음식은 수분 함량이 많은 과일과 채소뿐이다.
- 탄수화물+단백질 조합의 식사는 독소를 만들어 낸다.
- 독소가 쌓여 지방으로 저장된다.
- 한 번에 한 종류만 먹으면 독소가 생기지 않는다.
- 탄수화물+채소 / 단백질+채소 조합의 식사가 적합하다.
- 이것저것 마구잡이로 섞여 있는 식사는 장 내에서 썩고 발효

되어 독소를 만든다.

이번에도 독소가 문제였다. 체내의 독소는 한약이나 양약으로만 해결할 수 있다고 생각했던 나에게, 이 내용은 충격 그 자체였다. 약이 아닌, 자연의 음식만이 독소와 노폐물을 배출시킬 수 있다니! 실제로 저자 역시도 뚱보의 삶을 살다가 이 방법으로 뚱보 탈출에 성공했으며, 그의 아내 역시 여러 질병으로부터 해방되었다고도 했다.

새로운 발견에 확신이 더해지자 나의 자연식물식은 속도가 붙었다. 그의 이론이 내 몸에도 정확히 적용될 것이라 확신했다. 하지만 자신만만했던 시작과는 달리, 나는 한 달을 코앞에 두고 포기를 선언했다. 비겁한 변명으로 들리겠지만 내 실패에는 당연한 이유가 있었다.

첫째, 이미 언급했다시피 먹어도 먹어도 포만감이 없다는 것이었다. 입속으로는 뭔가 많이 들어가고 있는데, 뇌까지는 포만감이 전달되지 않는 듯한 공허함. 소가 먹는 여물의 양을 생각해 보니 이유가 있었구나 싶었다. 밥 한 솥을 먹고도 허기를 느끼는 내 모습이 소와 다를 게 무어란 말인가?

이것은 나뿐만이 아닌, 자연식물식을 경험한 사람들이 공통으로 호소하는 단점이었다. 더구나 주위에서 한 마디씩

던지는, 조언을 가장한 비아냥을 견디는 건 더 괴로웠다. 과일을 그렇게 많이 먹었다가는 당뇨에 걸린다, 탄수화물을 줄여야 살이 빠진다는 지적들에 내 식사 시간은 '100분 토론' 그 자체였다.

둘째, 사회생활과 병행하기가 어려웠다. 직장을 다니거나 사회생활을 하는 사람은 육류를 피해서 살기가 쉽지 않다. 다양한 이유의 회식들, 각종 모임, 가정의 행사 등에 고기가 빠질 수 없다. 그때마다 과일이나 현미밥을 잔뜩 싸서 혼자 구석에서 먹기란, 상상만 해도 뒤통수가 따가운 현실이었다. 내가 중병에 걸린 환자가 아닌 이상, 고기를 거부한다는 건 이해받기 어려운 게 현실이었다.

셋째, 유제품까지 끊어야 한다는 것이 힘들었다. 나도 그 유튜버처럼 딱 두 달 만에 날씬해지고 싶은 욕심에 시작했지만, 고난 그 자체였다. 우유 같은 유제품까지 먹지 않았더니 도통 기력이 없었다.

'사회생활' 운운했지만, 솔직히 나 자신이 육류와 유제품을 멀리하기 힘든 식성의 사람이라는 것을 새삼 깨닫게 된 계기였다. 강력한 종교적 신념이나, 피치 못할 건강상의 이유가 있는 것도 아니고 말이다. 단지 지금보다 날씬해지고 싶다는 이유만으로 고기와 유제품을 거부하기엔 내 식성과 의지는 간절하지 못했다.

다시 다이어트 유목민이 되었다. 종착지를 찾지 못한 탓에 또다시 정처 없이 떠돌 생각을 하니 피로가 몰려왔다. 어디로 어떻게 가야 할지 까마득했다. 그래도 다이어트를 멈출 순 없었다. 날씬하고 싶었다, 살아 있는 동안 한 번쯤은. 그게 전부였다.

고지방식

사실 내가 식욕 억제제를 끊고 식이요법만으로 다이어트를 하겠노라 결심했던 첫 계기는 '고지방식'이었다. MBC 다큐멘터리 <지방의 반란>이라는 방송으로 인해 고지방식이 처음 대중에게 알려지며, 세상은 발칵 뒤집혔다. 이 다큐멘터리는 '뚱보를 만드는 것은 지방이 아니다.'라는 충격적인 사실을 전했다.

그뿐이 아니다. 오히려 지방을 많이 섭취해야만 살이 빠진다고도 했다. 사회적 파장은 어마어마했다. 방송이 전파를 타자마자 육류 시세는 급속도로 상승했으며, 마트마다 버터 품절 사태가 생겨나며 전국적 대란으로 이어졌다. 물론 그 난리에 내가 빠질 리 없었다.

그도 그럴 것이, 방송에 나온 사례자들은 대부분이 고도

비만이었다. 비만으로 인한 스트레스를 견디지 못해 스스로 생을 마감할 지경까지 갈 뻔했던 주인공도 있었다. 그랬던 그들이 고지방식을 하면서부터 180도 달라진 삶을 살고 있었다. 이런 기적과도 같은 식단을 마다할 이유가 없었다. 다이어트에 대한 나의 더듬이는 언제나 꼿꼿하게 서 있었기에, 이 소식은 나를 발 빠른 특종기자로 만들었다. 취재와 동시에 실천으로 돌입했다.

방법

- 1일 식사 기준: 지방 60~90%, 탄수화물 0~10%의 비율로 섭취
- 마블링이 많은 돼지고기, 소고기나 버터, 치즈 위주로 섭취
- 밥은 하루 반 공기로 제한
- 한 번에 많이, 배부를 때까지 섭취

당장 마트로 달려가 버터를 사재기했다. 그러고는 종일 고기로만 모든 식사를 해결했다. 덕분에 뉴스에는 "버터 품절사태 지속," "돼지고기, 소고기 시세 연일 상승"이라는 보도가 계속됐다. 거기에 큰 몫을 한 사람이 나였으리라 확신한다. 나 역시도 매일 돼지고기, 소고기 가릴 것 없이 냉동실

에 꽉꽉 차도록 쟁여 놓느라 바빴으니 말이다.

게다가 더 많은 지방 섭취를 위해 후식은 뜨거운 커피에 버터를 넣은 '방탄 커피'로 마무리하는 것도 잊지 않았다. 지방을 충분히 먹어야만 살이 빠진다는데 마다할 이유가 없었다. 그래서 항상 개별포장된 버터를 핸드백에 넣고 다녔으며, 동물성 생크림도 빠뜨리는 법이 없었다. 그렇게 기름진 생활을 일주일, 이주일 이어 가 보니 정말 놀라운 일이 생겨났다.

시작과 동시에 배가 홀쭉해졌다. 밤늦게 삼겹살에 김치를 구워 먹었음에도, 내 배는 한없이 등으로 향했다. 그렇게 먹은 다음 날에도 내 얼굴엔 부기라고는 찾아볼 수 없었으며, 심지어 갸름하기까지 했다. 등잔 밑이 어둡다더니, 그 말이 이렇게 딱 들어맞을 수가 없었다. 그토록 찾아 헤매던 파랑새는, 항상 내 곁에 있던 고기였구나 싶었다.

이렇게만 쭉 이어 나간다면, 방송에 나온 그 사례자들처럼 나도 날씬해질 수 있을 것만 같았다. 10kg 감량이 남의 일이 아니라는 확신마저 들었다. 고지방식 열풍으로 인해 '밥은 빼고 주세요.' 또는 '비계 많은 부위로 주세요.'라고 요청하는 손님들을 식당에서 쉽게 볼 수 있었으며, 나 역시도 한동안 그 대열에 끼어 있었다. 그렇게 기름진 생활을 이어 나가며

내 인생의 마지막 다이어트임을 직감하던 어느 날이었다.

단기간에 배가 홀쭉해지고 없던 턱선까지 생긴 것은 놀라운 일이었지만, 기운이 나지도 않고, 입에서는 냄새가 났다. 없던 두통도 생기고, 나중에는 불면증에도 시달렸다. 게다가 시간이 지날수록 감량은 더뎌져 가고 급기야는 지속되지도 않았다.

지방이 부족인가 싶어 더욱 강력한 기름진 생활에 돌입했다. 동물성 생크림을 커피에 부어 마시기도 하고, 코코넛오일을 한 국자씩 퍼먹기도 했다. 하지만 나의 체중계는 꿈쩍할 생각이 없어 보였다. 찌지도, 빠지지도 않는 애매한 일상이 반복되면서 점점 지쳐 갔다. 나 하나만을 위해 가정의 엥겔 지수를 높이는 것도 양심에 걸리기 시작했다.

자연식물식은 고기를 못 먹어서 힘들었듯, 고지방식은 탄수화물을 못 먹으니 힘들었다. 그리고 지방을 많이 먹을수록, 탄수화물을 안 먹을수록 팍팍 빠진다는 이론과 상반되는 내 체중이 나를 더 힘들게 했다.

'이 길도 내 길이 아니구나.'

기름진 생활을 과감히 정리했다. 버터와 육류 가격이 생각처럼 빨리 원위치로 돌아오지 않는 것을 보니, 오랜 기간 지속하는 사람들도 많은 듯했다. 하지만 이제 고기고 지방이고 간에 더 이상은 쳐다도 보기 싫었다. 감량이라도 지속되었다면 어떻게든 이를 악물고 버텼겠지만, 이제는 그럴 이유가 없었다.

그래도 의문은 남았다. 나는 실패했지만, 감량에 성공한 사람들은 대체 무슨 이유란 말인가? 게다가 지방을 그렇게나 많이 먹은 내 몸에도, 왜 지방이 쌓이지 않았던 걸까? 미련이 남았다. 돌아가고 싶진 않지만, 그래도 궁금했다. 마치 옛 연인의 싸이월드를 몰래 훔쳐 보며 염탐하는 여자처럼 한동안 검색창에 '고지방식'을 입력하며 하루를 시작하기도 했다.

'지방은 지방으로 저장되지 않는다.'

지방은 인슐린을 자극하는 영양소가 아니기에 우리 몸에 들어와도 지방으로 저장되지 않는다는 원리였다. 그래서인지 인슐린 호르몬 문제로 인해 지방이 쉽게 축적되는 고도 비만인들에게 매우 효과적이라고 했다. 그렇다면 내 실패의 요인도 인슐린이라는 결론이었다.

나의 인슐린은 생각보다 자기 역할을 야무지게 하고 있었기에 지방이 실력 발휘를 못 했나 싶었다. 이런 아리송한 결론에 나도 어리둥절했다.

또 하나의 원인을 굳이 찾아보자면 '장(腸) 상태'였다. 고지방식을 주장하는 어느 의사의 논리였는데, '개개인의 장 상

태와 알레르기 유무'가 감량에 많은 영향을 미친다고 했다. 그리고 '장 누수'의 경우에도 감량이 더딜 수 있다고 했다.

이 모든 원인을 해소하려면 고가의 장 검사를 받아야 했는데, 고지방식을 지속할 자신이 없는 나로서는 투자 의지가 생기지 않았다. 그저 하루빨리 느끼한 생활을 청산하고 싶은 생각뿐이었다. 그렇다고 해서 고지방식이 나에게 실패만 준 것은 아니다. 오히려 고기와의 해묵은 오해를 푸는 소중한 계기가 되어 주었다. 정말 많이 먹었지만 체중은 늘지 않았다.

6. 위절제술 할 뻔한 이야기

6년 전쯤인가. 이웃 언니와 오랜만에 엘리베이터에서 마주쳤다. 나도 그분도 육아에 회사 일에 워낙 바쁘던 때라, 위아래층 살면서도 한 달에 한 번을 못 마주치곤 했다. 한참 다이어트에 열 올릴 때 본 게 마지막이어서인지 다시 뚱뚱해진 내 몸을 보자 딱하다는 눈빛이 역력했다. 그리고는 눈이 휘둥그레지는 얘기를 시작했다.

"우리 회사에 너랑 비슷한 여자가 있었거든? 나이도 체격도 거의 같아. 근데 걔가 날씬해져서 나타났어. 지금 한 53kg 정도 되나. 완전 대변신했어."

굶어도 안 돼, 뛰어도 안 돼, 다른 다이어트를 50일 정도 하다가 도중에 포기해 버렸던 때라 언니의 얘기는 내 귀를 홀리기에 충분했다.

"뭔데? 뭐로 뺐는데?"

"위절제술."

위를 잘라서 많이 먹을 수 없게 만든다는 그 수술은, 엄청난 고도 비만인들의 최종 선택지이리라 생각했다. 그런데 겨우 나와 비슷한 69~70kg의 사람이 위를 잘라 냈다니. 게다가 수술 목적이 단순히 체중 감량이었다는 사실이 꽤 충격적이었다, 하지만 내 고개는 어느새 끄덕이고 있었다.

'다이어트에도 유행이 있으니, 이번 차례는 위절제술인 건가? 그새 쌍꺼풀 수술만큼 대중적인 수술이 돼 버렸구나.'

1930년대인가 우리나라에서 최초로 쌍꺼풀 수술한 여성이 떠올랐다. 그 시절엔 엄청나게 핍박당했지만, 지금으로 치자면 그녀는 선구자였다. 그렇다면 위절제술도 이제 안정성이 입증되어서 대중화된 건지도 모르겠다 싶었다. 심지어 신뢰도가 높은 대학병원에서 수술받았다고 하니 말이다. 빨간

신호등에도 여럿이 건너면 무섭지 않다는 말처럼, 유행이라는 게 사람을 대범하게 만들 수도 있겠다 싶었다. 단 몇초였지만 '나도 하고 싶다'는 생각이 스치고 지나갔기 때문이다. 나와 일면식 없는 사람이지만 이웃 언니의 동료라고 하니, 멀게 느껴지지 않는 기분. 살이 빠지니 숨어 있던 이목구비가 드러나 얼마나 예뻐졌는지 모른다며 언니는 고개를 절레절레 흔들었다.

하지만 신은 나의 편이었다. 얼마 후 큰 사고가 터졌기 때문이다. 온갖 방법을 동원해서 고도 비만인들을 날씬하게 만들어 주는 TV 프로그램이 한동안 유행했던 적이 있다. 고강도 PT라든지 지방 흡입 그리고 최후에는 위절제술 같은 방법을 동원하여 보통의 몸으로 만들어 주는 프로그램이었다. 하지만 수술을 받은 20대 초반 여성이 1년도 되지 않아 수술 부작용으로 사망했다. 그리고 가수 신해철의 사망 원인도 이 수술과 무관하지 않았다고 세상이 시끄러웠던 기억도 떠올랐다. 날씬해지고 싶다, 아니 단 3kg만이라도 빼고 싶다는 그 바람 때문에 위절제술까지 검색하고 있는 나를 보니, 참 애처롭고 슬펐다.

위를 잘라 내면 정말 날씬해질까?

일반인에게는 '위절제술'이라 알려진 이 수술은, 요즘에는 '비만대사 수술'이라는 통칭으로 불리고 있다. 수술 방법에 따라 위밴드술, 위소매절제술, 위우회술, 위주름성형술로 나뉜다. 대형병원마다 비만대사 클리닉을 별도로 운영하고 있을 정도로 대중화된 분야이다. 2018년부터 BMI 지수 35 이상이거나 비만 관련 합병증이 있는 환자에 대해서는 수술 비용 관련하여 국민건강보험 적용이 시작되었고, 개인이 가입한 실비보험 적용도 가능한 모양이다. 비만은 만병의 근원이라서일까.

세계적인 팝가수 머라이어 캐리는 한때 120㎏에 육박하는 체중으로 건강 이상설에 휩싸이기도 했다. 머라이어 캐리는 급격한 체중 증가로 2017년 위절제술을 받았다. 수술 직후 1~2년간은 감량 체중을 유지하는 듯했으나, 최근의 근황을 보면 체중이 늘었다 줄었다를 반복하며 수술 전의 모습에 가까워지고 있다. 그렇다면 비만대사 수술의 장기적 효과는 어떨까.

수술 후 1년간은 모든 환자가 체중이 줄어들었다. 하지만 10년 이상이 되자 3분의 1 가량은 이전 체중으로 돌아가는, 바람직하지 못한 결과가 나타났다. 환경 변화가 우선되지 않았기 때문이다.

비만치료제 중에서 효과적으로 사용할 수 있는 약물은 별로 없다. WHO(세계보건기구)는 이렇게 선언했다. "비만에 대한 정보가 부족하므로 어떤 방법이나 어떤 약도 일상적인 사용을 추천할 수 없다, 체중 조절약은 비만을 치료할 수 없다, 투약을 중단하면 다시 체중이 증가한다."

-경희대학교 의과대학 박승준 교수 '비만의 사회학' 중에서-

7. 지방 흡입도 해 봤다

사람은 갑자기 바뀌지 않는다. 나 역시 그렇게도 잦은 실패를 경험하고도 기존의 다이어트 방법에서 벗어나지 못하고 있었다. 다시 양약과 한약을 번갈아 가며 복용하고, 또다시 요요를 반복했다. 그러다 튼실한 여자를 좋아하는 남자를 만나 결혼도 하고 출산도 했다. 참고로 여자의 일생 중 최고로 예쁘고 날씬하다는 결혼식 당시, 나의 체중은 67kg이었다.

다이어트를 안 하던 사람도 결혼을 앞두고는 죽을 만큼 한다는데, 나는 안 했다. 임자도 만났겠다 더 이상 노력할 의지가 생기지 않았다. 안 그래도 이것저것 준비하느라 바쁜데, 다이어트까지 할 자신이 없었다. 과감히 포기했다. 그래서 나의 결혼사진을 보면 예쁜 공주는 없고, 웬 중년 아줌마의 후덕함만 있다. 볼 때마다 씁쓸한 대목이다.

출산하고 나면 살이 쏙 빠지는 줄 알았다. 하지만 이번에도 아니었다. 딸아이가 3.4kg으로 태어났는데, 어찌 된 영문인지 내 체중은 2kg만 줄어 있었다. 체중계가 고장 난 건가 싶어, 새 체중계로 재 봐도 같은 결과였다. 더욱 신기한 건 하루가 다르게 체중이 늘고 있다는 사실이었다. 모유 수유를 하고 밤새 아이 돌보느라 잠을 못 자도 살은 빠지지 않았다. 오히려 체급을 늘리는 운동선수처럼 꼬박꼬박 규칙적으로 체중이 늘어 갔다.

육아 휴직 3개월은 눈 깜짝할 겨를도 없이 지나갔다. 다행스럽게도 맞벌이를 해야 하는 상황 덕에 '독박육아'에서 해방될 수 있다는 것이 오히려 숨통을 트이게 했다. 출근 준비를 하고 신선한 아침 공기를 마시는 일상이 그렇게 간절할 수가 없었다. 모성애고 뭐고, 누가 나 좀 탈출시켜 줬으면 싶었다. 회사에 복귀할 날이 다가올수록 마음이 설렜다. 누구는 딸아이를 두고 출근할 생각에 눈물이 날 지경이라고 했지만, 나는 그 반대였다. 나의 모성애에 에러가 났나 의심스럽기도 했지만 일단은 나도 살고 볼 일 아닌가?

하지만 옷장을 열자 내 설렘은 취소됐다. 내 옷인데도, 내 몸에 맞지 않는 어처구니없는 상황에 나는 당황했다. 설마설마하며 한동안 외면했던 체중계에 올라갔다. 82kg. 여전히 체중계는 나에게만 야박했다. 그날 밤 나는 펑펑 울었다.

그래도 출근은 해야 했다. 부랴부랴 검색창에 '빅사이즈'라고 입력했다. 다행히도 나 같은 사람을 위한 쇼핑몰이 몇 개 나와 주었다. 디자인이고 뭐고 고민할 겨를이 없었다. 블랙&화이트로 착시효과를 제대로 주는 옷으로 서너 벌 주문했다. 그러고는 교복처럼 돌려 입어 가며 회사 생활을 시작했다.

바쁜 업무와 육아로 하루가 짧고 고됐다. 숨통 트이는 기분은 잠시였을 뿐, 24시간이 맞나 싶을 정도로 하루가 짧기만 했다. 하지만 이렇게 힘들어도 살은 빠지지 않았다. 부기인가 싶어 호박즙을 그렇게 마셔 대도, 내 돈과 농부의 호박만 아까울 뿐, 살들은 도무지 꿈쩍할 기미가 보이질 않았다.

그러던 중 내 인생에 한 획을 그을 만한 사건이 생겼다. 그것은 친구의 후배 Y양의 등장이었다. 그녀는 늘씬하고 사교성도 좋았다. 친구와의 약속에도 종종 셋이 함께 보는 날

이 많아지면서 언니 동생 하는 사이가 되었다. 그녀는 거리낌 없이 시원시원하게 말하는 성격이었다. 요즘 말로 '돌직구'였달까. 가끔은 듣는 내가 얼어 버릴 정도였다. 그런 그녀가 어느 날 툭 하고 던진 말은 내 눈과 귀에 힘이 바짝 들어가게 했다. 본인의 비밀스러운 사실까지도 그렇게나 시원하게 털어놓을 줄은 몰랐다.

"언니 내 별명이 뭔지 알아요?"

"글쎄? 키 크고 늘씬하니까, 미스코리아?"

"아뇨. 뒤태 미녀. 지방 흡입하고 나서 생긴 별명이에요."

지. 방. 흡. 입.

잡지 광고나 인터넷에서나 봤던, 궁금은 했지만 물어볼 곳이 없었던 그 단어. 잊을 만하면 한 번씩 '지방 흡입하다 죽은 여대생'이라는 뉴스와 함께 나오던 그 단어. 그래서 근처에 얼씬했다가는 큰일 나는 줄만 알던 그 단어. 지방 흡입이었다.

지방 흡입 = 죽음

머릿속에 당연하게 새겨져 있던 이 공식이 깨지는 순간이었다. 게다가 그동안은 주변에 지방 흡입을 하고 싶다는 사람도 없었고, 성공했거나 실패했다는 사람도 없었다. 아예 아무도 없었다. 그런데 갑자기 한 명이 생겨났다. 게다가 생존자! 죽지 않고 이렇게 살아 있는 증인이 내 눈앞에 있다니.

심장이 쿵쾅거렸다. 마치 내 기분은 귀하디귀한 산삼이라도 발견한 심마니 같았다.

Y양뿐이었다. 나에게 솔직한 정보를 제공해 줄 수 있는 유일한 사람. 검색창을 두들겨 봐야 수술 후기를 가장한 병원 광고가 99%였기에, 진실은 인터넷에서 찾을 수 없었다. 궁금하기만 했던 그것을, 금기시했던 그 은밀한 수술을 직접 해 본 당사자가 그녀였다. 언제, 어디서, 어떻게, 얼마에 했는지 묻고 싶은 게 한두 개가 아니었다. 아니 그것보다도 어떻게 죽지 않고 살아 있는지가 더 궁금했다. Y양은 나의 단도직입적인 질문들에 전혀 당황하지 않았다. 오히려 예상이라도 한 듯이 여유로운 표정이었다.

"전혀 무섭지 않았어요. 코끼리 다리에서 벗어나는 건데 왜 무서워요?"

침을 삼켰다. 하나씩 하나씩 벽돌 깨듯 물었다. 그런데 듣다 보니 Y양의 수술 계기가 뜻밖이었다.

"울 엄마 친구가 뱃살 지방 흡입을 했거든요. 그러고는 매일같이 자랑하러 오셨어요. 보통 이런 수술은 숨기기 마련인데 말이죠. 결과가 만족스러웠다는 뜻이잖아요. 그래서 저도 과감히 병원 문을 두드린 거예요."

그 어떤 광고보다 가까운 지인의 경험담이 최고인 법. 이

래서 입소문 마케팅이라는 게 생겨난 거구나 싶었다. 그녀는 가감 없이 모든 것을 전수(?)해 주었다. 그녀의 수술 부위도 내 눈으로 직접 봤는데, 감쪽같았다. 안 할 이유가 없었다. 바로 Y양이 수술했다는 병원을 검색했다. 하지만 용기가 나지 않았다. 단지 상담 전화를 하는 것뿐인데도 그렇게 떨렸다. 결국 Y양에게 내 옆에 좀 있어 달라며 신신당부를 하고 나서야 통화 버튼을 누를 수 있었다.

"어떤 진료를 원하세요?"

수화기 너머로 들리는 병원 직원의 건조한 응대에 나는 우물쭈물했다. 그때 Y양이 내 어깨를 밀치고 나섰다. 그러고는 당차게 통화를 이어 갔다. 유경험자와 무경험자란 이렇게 하늘과 땅 같은 차이였다.

"지방 흡입이요. 정 원장님 계시죠?"

"정 원장님 퇴사하셨어요. 꽤 되셨는데요."

예상 밖의 대답에 우리는 당황했다. 나보다 Y양이 더 당황한 듯했다. 수술한 지 2년밖에 지나지 않았을 뿐인데 의사가 없어졌다니. 중년 아줌마의 뱃살도 감쪽같이 없애 주고, 코끼리 다리 아가씨도 뒤태 미녀로 만들어 준 그 명의가 없어졌다니! 다리에 힘이 풀렸다. 마치 전쟁터에 보낸 애인의 사망 소식이라도 들은 사람처럼 세상 희망이 다 사라진듯했다.

'찾아야 해. 그 의사를 찾든, 아니면 더 잘난 의사를 찾든 찾아내야 해!'

낮밤을 가리지 않고 미친 듯이 키보드를 두드렸다. 온갖 고급 검색 기술을 동원하여 열심히 찾아 헤맸다. 그렇게 2주쯤 지났을까? 이거다 싶은 병원 홈페이지 하나를 발견했다. 매우 단출하지만 허심탄회한 수술 일지가 기록되어 있는 듯한 생소한 느낌의 홈페이지였다.

"나 드디어 발견했어. 이곳에 내일 당장이라도 가 볼까 해."

Y양에게 사전 점검을 요청했다. 그녀도 홈페이지를 훑어보더니 금세 OK 사인을 해 주었다. 나는 단숨에 상담을 접수했다. 그러고는 Y양과 함께 병원을 방문했다.

예상보다 작고 아담한 규모에 우리 둘은 당황했다. 아담이라고 하기도 뭐한 초라한 이곳에 내 몸을 맡길 생각을 하니 머리가 복잡했다. 여느 동네에 있는 작은 내과 같은 이곳의 의사 역시도 비슷한 분위기였다. 무덤덤한 성격에, 본인이 할 수 있는 것만 말했다. 할 수 없는 것에는 단호했다.

하지만 장인 정신이 있어 보였다. 큰 체격과는 달리 섬세함이 느껴졌다. 비교 분석 차원에서 근처의 다른 병원도 서너 곳 다녔다. 그러고 나니 오히려 결정이 쉬웠다. 뭐든 할 수 있

다는 식의 말만 앞서는 의사가 누군지 가려 낼 수 있었다.

처음 상담했던 병원으로 결정했다. 나의 마음을 확고하게 했던 가장 큰 요인은 수술 과정을 보여 주는 사진들이었다. 수술을 결심한 사람마저도 금세 맘 바뀔 정도로 민망하다 못해 흉측한 사진을 보자 오히려 결정이 쉬웠다. 병원으로서는 득이 될 일이 아니었음에도 의사는 끝까지 보여 줬다.

“수술 과정을 제대로 알아야 결과도 좋아요.”

비교가 확실해졌다. 그 사진들을 본 후, 방문했던 병원 중 사진 조작이 없는 병원이 어디인지를 가늠할 수 있을 정도가 되어 버렸다. 보지 말아야 할 것까지 다 보았음에도 불구하고 내 맘은 굳건했다. 그 자리에서 수술을 결정했다.

태생적으로도 상체가 비대한 편인데, 출산 후 더욱 비대해졌다. 종일 아이를 업고 들고 하다 보니 등과 팔뚝도 심각하게 두꺼워졌다. 옷을 입을 때마다 스트레스가 이만저만이 아니었다. 나는 이 모든 불만을 지방 흡입으로 해결하고 싶었다. 방법을 찾았는데 안 할 이유가 없었다. 게다가 수술 후 생존자가 내 앞에 멀쩡히 있지 않나. 다만 문제는 가족들과 회사였다. 아내이자, 엄마, 그리고 직장인이라는 3역을 하고 있는 나에게는 사회적 합의가 필요했다.

복잡했던 사회적 합의 과정은 생략하고, 내가 겪었던 ‘지방 흡입 수술 과정'을 말하자면 이렇다.

지방 흡입 수술의 원리

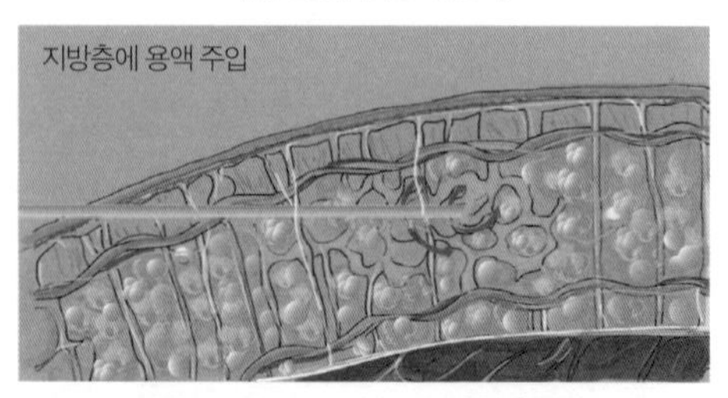

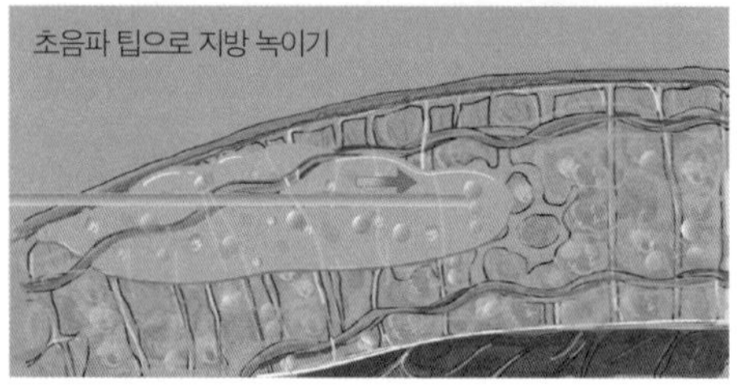

우선 지방을 효과적으로 제거하기 위해, 수술 부위에 지방을 부풀리는 약을 주입한다. 물론 주입을 위해서 피부에 작은 구멍(칼집)을 내야 한다. 그 부분을 통해 약도 주입하고, 지방을 흡입하는 도구인 얇은 관도 들어간다. 지방이 부풀어 오르면 흡입하기에 용이한 상태가 된다.

그 후부터 의사의 손놀림으로 원하는 부위의 지방을 제거해 내는 것이다. 이때 근육층을 건드리게 되면 혈관이 터져 출혈이 나고 멍도 생긴다. 그러므로 노련한 의사에게 수술을

받아야 멍이 적다. 하지만 초보 의사의 경우는 그 반대라고 생각하면 된다.

일부 의사들은 "멍이 생기는 건 자연스러운 현상이고, 시간이 지나면 없어진다."라며 환자들을 안심시키려고 한다. 하지만 솜씨 좋은 의사일수록 멍은 적다. 그리고 흡입관이 들어가는 구멍의 개수도 최소화하는 의사가 진짜 실력자라고 생각하면 된다.

수술 후 2주간은 지방을 걷어 낸 부분이 잘 아물도록 신경 써야 한다. 수술 부위가 장시간 접혀 있으면 울퉁불퉁해지거나 주름이 생길 수 있다. 따라서 수술 부위의 흔들림을 최소화하고, 지방이 제거된 공간과 피부를 밀착시켜 주기 위해 몸에 붙는 보정속옷을 입어야 한다. 그래서 수술 후 2주간은 움직임에 제한사항이 많다. 누워 있거나 서 있는 것이 최선이었다. 너무나도 절실했던 나는 얼마든지 감내할 자신이 있었다. 두 달도 아니고 단 2주인데, 어렵지 않다고 생각했다. 이렇든 저렇든 나의 결론은 '수술'이었다. 우선 팔뚝을 먼저 하기로 했다.

1월 중순의 수술 날은 하필 엄동설한이었다. 더구나 수술실은 세균 감염의 우려 때문에 히터 같은 난방 기구를 사용할 수 없었다. 전신 소독을 위해 알몸이 되었다. 어찌나 추운지 위아래 어금니가 딱딱딱딱 자동으로 부딪혔다. 동시에 온몸이 덜덜거렸다. 이내 간호사가 소독약이 가득 담긴 큰 양동이를 들고 들어왔다. 그러고는 내 몸에 퍼부었다. 순간 눈을 질끈 감았다. 수술대에 눕자 얼음장처럼 차가웠다. 하지만 고민이 끝난 이 순간을 맞이했다는 자체가 마음을 편안하게 했다.

"수면 마취 들어갑니다."

간호사의 입 모양을 따라서 나도 하나, 둘, 셋을 셌다. 다섯을 세지도 못했는데, 눈을 떠 보니 따뜻한 이불이 나를 덮고 있었다. 감쪽같이 회복실로 순간 이동해 있는 내 모습이 마치 마술 같았다. 얼음장 같던 수술대를 체험한 후라 그런지, 이불도 침대도 더욱 포근하게 느껴졌다. 이미 마취에서 깨어났지만 이대로 쭉 이틀만 더 자고 싶었다. 하지만 이내 간호사와 의사가 함께 들어와 단잠을 깨웠다.

"수술은 이상 없이 잘됐어요."

그 말을 듣자 나도 모르게 안도의 한숨이 나왔다. 입원은 할 필요가 없다기에 몸만 추스르고 퇴원 준비를 했다. 앞으로 1주일간은 병원에 매일 오라 했다. 지방을 빼낸 자리를 고르게 펴 줘야 하기에 고주파 마사지를 한다고 했다. 게다가 2주간은 누워 있거나 서 있어야 하고 꽉 조이는 압박 보정속

옷도 필수 착용이었다. 그러나 이 모든 게 하나도 귀찮게 느껴지지 않았다. 그토록 원하던 것을 이루기 위한 당연한 절차라고만 생각됐다.

수술 부위가 아물어 갈수록 사이즈도 조금씩 줄었다. 이런 얘기에 사람들은 '얼마나 많이 줄었는지'를 궁금해한다. 그리고는 영화 "미녀는 괴로워"의 여자 주인공을 떠올린다. 100kg을 넘는 고도비만인 주인공이 전신 지방 흡입으로 45kg의 날씬이가 된 것처럼, 사람들은 극적인 변화를 상상한다. 하지만 그건 턱없는 소리이다. 지방 흡입은 그런 수술이 아니다. 직접 해 본 유경험자로서 지방 흡입에 대해 내 나름대로 다시 정의하고 싶다.

"날씬함을 얻기 위한 수술이 아닌, 불균형에서 균형으로 가기 위한 수술."

수술이 필요한 사람은 따로 있다

내가 경험한 지방 흡입이라는 수술은, 특정 부위의 불균형이 심각한 사람들에게 효과적인 수술이라고 생각한다. 비대한 부분의 지방을 제거하여, 다른 부분과의 비율을 조정하는 것이 지방 흡입 수술의 본질이라는 생각이다. 절대 '뚱뚱함에서 날씬함'으로 가는 방법이 아니다. 수술 상담 시 의사에게 들었던 사례와 나의 실제 사례를 보면 이렇다.

사례 1

60세가 넘은 채소 가게 아주머니가 가슴 축소를 위해 지방 흡입 시행. 흔히 재래시장에서 봤을 법한 뽀글이 파마를 하고, 얼굴에는 화장기 하나 없는 중년 여성. 어릴 적부터 가슴이 큰 편이었고, 출산 이후에 가슴이 더 비대해짐. 이로 인한 어깨 통증, 등 결림으로 인해 만성 통증에 시달림. 그러던 중 가슴을 축소할 수 있는 수술이 있다는 얘기를 듣고, 수술을 결정함. F 사이즈에서 C 사이즈로 축소함.

사례 2

전체적으로 날씬한 체형의 50대 중년 여성. 하지만 체형 대비 허벅지가 비대하여 바지를 제대로 입을 수가 없고, 걸을 때마다 허벅지 안쪽 피부가 쓸려서 고통과 스트레스에 시달림. 지방 흡입으로 일상생활에 지장이 없는 비율로 맞춤.

사례 3

나의 경우. 골반이 작고 하체는 부실한 반면 어깨는 넓고 팔뚝, 등이 비대함. 다이어트 시 상체 사이즈 감소는 미미하나 하체 사이즈 감소는 2배 빠름. 이로 인해 상체와 하체 사이즈가 2단계 이상

벌어지기도 함(상체 77, 하체 55). 게다가 출산 후 상체가 더욱 비대해지면서 상체, 하체의 불균형이 더욱 심각해짐. 비율 불균형과 미용적 스트레스를 해소하고자 수술함.

나는 지방 흡입 예찬론자가 아니다. 다만 경험자로서 지방 흡입에 대한 긍정적인 면, 부정적인 면을 경험한 만큼 알려주고 싶은 것뿐이다.

부모님 날 낳으시고, 의느님 날 만드시고?

처음엔 팔뚝 둘레만 좀 줄여 보자는 생각이었다. 비대한 상체는 태생적 업보라 포기한다 치더라도, 항상 노출되는 팔뚝 살만큼은 어떻게 좀 해 보고 싶었다. 그러면 시각적 불만이 해소될 거라는 생각이었다. 나의 예상은 틀리지 않았다. 수술 후 팔뚝 사이즈가 줄자 비대함도 한껏 줄어든 기분이 들었다. 하지만 뒤이어 다른 문제가 나타났다. 팔뚝이 줄어든 만큼, 상체 몸통이 비대해 보였다. 마치 몸통은 불룩하고 팔다리는 가느다란 '거미' 같았달까.

문득 학창 시절 수능시험이 끝난 후의 어수선한 교실이 떠올랐다. 시험 결과가 어느 정도 가닥이 잡히면 여학생들은 매우 분주해진다. 경험해 본 사람들은 알 것이다. 미모 재정비 기간이다. 올챙이가 개구리로 환골탈태하듯, 청소년에서 아름다운 성인으로 빨리 가고자 몸부림을 치는 기간이었다. 그중 대표적인 몸부림은 단연코 '성형 수술'이었다.

성형을 결심한 친구들은 수능시험이 끝나자마자 수술을 단행했다. 입시와의 전쟁을 치르느라 거칠었던 과거를 숨기기 위해, 한 치의 망설임도 없었다. 아무리 여고 시절 추억이 좋았어도, 못생긴 과거는 남기고 싶지 않은 것이 여자의 마음이다.

단칼에 쌍꺼풀이 생기는 순간, 모두 새침데기 얼굴로 변신했다. 여기에 불문율이 있었는데, 쌍꺼풀 수술을 한 친구들은 얼마 지나지 않아 코 수술도 한다는 것이다. 멀쩡한 코는 왜 건드리나 싶지만 해 본 사람은 안다. 의사가 만들어 준 이상적인 디자인이 추가되는 순간, 뱃속에서 갖고 나온 태생적 비율은 깨진다.

내 얼굴인데도 어딘가 모르게 어색해진다. 전혀 불만이 없던 오뚝한 코도, 또렷한 쌍꺼풀을 얻은 후엔 한없이 뭉툭하고 낮아 보인다. 결국 그 눈에 맞는 새로운 코를 원하게 되어 있다. 나의 팔뚝 지방 흡입이 딱 그런 꼴이었다.

굵었던 팔 둘레가 어느 정도 정리되자 팔뚝이 꽉 끼이서 입지도 벗지도 못하던 문제는 해결되었다. 하지만 뭔지 모를

어색함이 생겨났다. 그 이유가 뭘지 한참을 살펴보고 알게 됐다. 비율의 깨짐이었다. 나는 상체 비만이긴 했지만 희한하게도 배나 허리 사이즈는 그다지 큰 편이 아니었다. 하지만 팔뚝 둘레를 줄이고 나니 없던 불만이 생겨났다. 이상적 사이즈와 태생적 비율이 충돌한 것이다. 예쁜 얼굴, 예쁜 몸매라는 것은 단순하게 오뚝한 코, 적은 체중으로만 만들어지는 게 아니었다. 그것의 핵심은 '비율'이었다.

미국 유명 속옷 브랜드인 '빅토리아 시크릿'의 모델을 보면 알 수 있다. 그녀들의 체중과 허리둘레는 상상을 초월한다. 허벅지는 마치 말[馬]처럼 튼실하기까지 하다. 미국 가수 비욘세가 그렇다. 그녀는 말벅지(말+허벅지)라 불릴 정도로 튼실한 하체를 가졌지만 환상적인 몸매를 자랑한다. 그것이 비율이 주는 마법이다.

예를 들면 이렇다. 허리 사이즈가 30인치가 한참 넘어도, 가슴과 엉덩이가 풍만하면 상대적으로 허리가 잘록하게 보인다. 일명 '콜라병 몸매'이다. 하지만 허리가 아무리 가늘어도 가슴과 엉덩이가 빈약하면 그 반대가 된다. '통나무 몸매'가 그렇다. 같은 체중에 같은 신장이어도 누구는 더 날씬해 보이고, 누구는 더 뚱뚱해 보이는 이유가 바로 이 '비율'이 원인이다.

그로 인해 나는 두 번째 지방 흡입을 결심했다. 등과 배

둘레를 줄여서 팔뚝과 비율을 맞추고 싶었다. 빈약한 하체와의 비율도 동시에 해결할 수 있기에 망설일 필요가 없었다. 어차피 할 거면 빨리 해치우는 것이 여러 면에서 득이라는 판단이었다. 쌍꺼풀 수술 부기가 빠지는 동안, 코 수술까지 겸하며 신속하게 예뻐지려던 고3 때의 친구들과 같은 판단이었다.

'한 번에 못생겨지고, 한 번에 예뻐지자.' 이런 걸 사자성어로 속전속결이라고 하던가!

솔직히 나는 방금 전까지도 지방 흡입에 대해 공개하는 것이 옳은가 망설였다. 누군가의 비웃음이나 비난이 두려웠기 때문이다.

"무슨 그런 수술까지 하고 난리야. 추하게."

"지방 흡입까지 한 몸매가 겨우 저 정도야?"

하지만 지방 흡입을 빼놓아서는 안 되었다. 내가 실제로 경험해 본 모든 다이어트 방법을 가감 없이 알리고자 하는 것이, 내가 이 책을 쓴 목적이기 때문이다. '나 지방 흡입했어요.'라고 굳이 떠벌릴 필요는 없다. 하지만 불편하고 불만족했던 부분을 의술을 활용해서 다소 해결했던 것도 사실이기에, 공개하는 것이 맞는다고 생각했다. 과거의 나처럼 매일같이 '지방 흡입 후기'를 검색하고 있을 누군가에게 사실 그대로를 말해 주고 싶었다.

사람은 누구나 자신이 갖지 못한 것을 기준으로 불만족을 안고 살아간다. 내 눈에는 한없이 날씬한 여자가 '살 빼려고 단식원에 왔다'라는 말이 나에겐 큰 충격이었듯, 각자의 기준이라는 것이 엄연히 존재한다. 내가 지방 흡입을 통해 얻은 것은 '약간의 문제 해소'였다. 비대한 상체와 부실한 하체의 격차를 지방 흡입이라는 수단을 이용해 조금 해결했을 뿐이다.

무쇠 팔에서 가녀린 마네킹의 팔로 변신을 한 것이 절대 아니다. 남들은 눈치채기도 힘들 만큼의 '몇 밀리미터'였다. 하지만 나는 그것만으로도 대만족했다. 그러므로 내 몸에 대해 전혀 모르는 타인의 비방은 정중히 사양함을 이 자리를 빌려 밝힌다.

100억 재산을 갖고도 돈을 쓸 줄 몰라 해외여행 한 번 안 가고 사는 삶도, 월 100만 원을 벌어도 세상 걱정 없이 즐겁게 사는 삶도 그러한 이치이다. 자신을 만족시키는 기준은 천차만별이라는 것, 그것이다. 그러므로 경험도 해 본 적 없는 얕은 지식으로 남을 비난한다는 것은 의미 없는 짓이다. 동일한 조건으로 동일한 삶을 경험하지 않은 제삼자가, 함부로 돌을 던져 봐야 자신의 낮은 지적 능력만 드러내는 꼴이다. 그 시간에 본인의 불만족을 채우기 위해 자신을 돌보는 것이 훨씬 이롭다.

8. 돈을 다발로 들고 나가도 언제나 빈손

한약, 양약, 단식원, PT, 거기에 지방 흡입까지. 할 만큼 해 본 나였다. 이 정도 했는데도 날씬해지지 못했다면 그만 포기하는 것이 맞는다고 생각했다. 결혼, 임신, 출산, 육아를 거치며 어느덧 마흔을 훌쩍 넘어섰다. 그러다 보니 컨디션도 열정도 예전 같지 않았다. 살을 빼는 것은 둘째 치고, 이 상태에서 더 찌지 않는 일상을 바랐다. 하지만 아침마다 들여다봐야 하는 옷장이 나를 괴롭혔다. 빽빽하게 들어차 있는 그곳에는 많은 옷이 있었지만, 언제나 그렇듯 입을 게 없었다. 아니, 정확히 말하자면 맞는 게 없었다. 또 새 옷을 사는 수밖에.

돈을 다발로 들고 나가도 집으로 돌아올 때는 빈손이었다. 그렇게 열심히 번 돈을 팡팡 쓰고 싶어도 쓸 수가 없는 이 슬픈 현실. 돈을 돌로 만들어 버리는 참으로 신기한 마법. 그것은 비만이었다. 어느 옷 가게를 가도 나를 반기지 않았다. 위아래로 훑어보며 '어차피 맞는 옷이 없어요'라고 말하는 듯한 매장 직원의 눈초리는 정말로 견디기 힘들었다.

일부러 현금다발이 보이도록 가방 지퍼를 열어 둔 채 매장을 들락거린 적도 있었다. 하지만 아무리 돈이 탐나도, 나에게 맞는 사이즈를 만들어 낼 수 없는 그쪽 사정도 딱하긴 매한가지였다. 그들의 눈빛은 마치 허무한 고양이 같았다. 생선이 가득 들어 있는 가방 앞에서 그저 군침만 흘려야 했으니.

세상은 나를 속이고, 나는 알면서도 속아 주고

그렇게 한숨만 쉬는 일상을 반복하다가도, 또 어느새인가 의지가 생기기도 했다. 유튜브 알고리즘에 의해 자동 추천되는 다이어트 동영상들 때문이었다. 욕심은 많고 몸은 안 따라 주는 나 같은 사람들의 마음을 꿰뚫고 있는 용한 점쟁이처럼 알고리즘은 내가 원하는 동영상만 쏙쏙 물어다 줬다.

"○○ 먹고 일주일에 5kg이나 빠졌어요!"

"계단 오르기 하루 ○○○번에 -10kg 달성!"

세상에는 나처럼 순진한 사람이 많았던 건지, 이런 콘텐츠의 조회 수는 어마어마했다. 하지만 내용을 들여다보면 레몬 물만 마시고 일주일을 버틴다든지, 계단 오르기를 하루에 몇천 개씩 하라는 무리한 내용이었다. 늘 마지막이라고 다짐하며 이것저것 닥치는 대로 했다. 레몬 물 2리터로 방광이 빵빵한 하루도 보내 보고, 무릎뼈에 불이 날 정도로 계단도 올라 봤다. 실패였다. 오랫동안 지속할 수가 없었다. 역시나 자본주의에서는 비용을 지불해야만 효과가 나타나는 걸까 싶었다. 그래서 사람들이 많이 지나는 곳에는 늘 이런 광고 현수막이 있는 걸까?

'10일 안에 -8kg 보장! 불만족시 100% 환불'

불행히도 우리 집 앞에도 그런 곳이 있었다. 요즘같이 입소문 무서운 시대에, 설마 거짓말할까 싶었다. 효과 없다는 소문이 인터넷에 퍼지기라도 하면 문 닫아야 할 게 뻔할테니 말이다. 그런 순진한 마음은 나를 현수막에 적힌 다이어트 숍으로 인도했다.

다이어트에만큼은 언제나 진심인 나는, 그 자리에서 등록을 해 버렸다. 불만족시 환불도 해 준다는데 망설일 필요가 없었다. 물론 고가의 비용이었다. 고가일 수밖에 없는 이유를 숍 원장으로부터 장장 1시간 넘게 듣고 나니, 그럴 법한 것 같기도 했다. 온몸에 값비싼 한방 재료를 듬뿍 바르고 랩으로 칭칭 감은 후, 유럽 어디선가 들여왔다는 고가의 기계에 들어가 1시간을 누워 있으면 체내의 무슨 작용으로 인해 살이 빠진다고 하니 비싼 것이 당연하게 느껴졌다.

하지만 그들은 일주일에 두 번씩, 나를 전기구이 통닭으로 만들 뿐이었다. 기계 속에서 내 살들을 뜨끈뜨끈하게 익혀 보고 지져 보아도 아무런 변화가 없었다. 약속한 한 달이 되었지만 내 몸은 여전하고, 오히려 기계가 야윈 듯했다. 등록 당시만 해도 성공 사례들을 나열하기 바쁘던 원장은, 이 참담한 결과에 대해 뻔뻔하게 돌변했다. 그러고는 내 체질을 탓했다. 환불은 어림도 없었다. 되레 한 달만 더 등록하면 진짜 책임지겠다는 멍청한 제안을 하기 바빴다.

'그럼 그렇지. 내 돈으로 이 가게 월세 내 준 꼴이구나.'

그녀를 원망하기보다 매번 속아 놓고 또 속는 나 자신이 한심했다. 결과 없는 다이어트도 이젠 지겨웠다. 하지만 이러지도 저러지도 못하는 날들뿐이었다. 마음 놓고 먹을 수도 없고, 굶어도 살은 빠지지 않고 그야말로 진퇴양난이었다.

그래도 손 놓고 살 수는 없는 노릇이었다. 봄이 되면 다이어트를 계획했다가, 여름이 시작되어서야 헐레벌떡하는 척했다. 그러다 찬 바람 부는 가을이 되면 시들해졌고, 옷이 두꺼워지는 겨울이 오면 결단력 있게 포기했다. 그러다 보니 한 해가 끝날 무렵엔 '올해도 실패했네.'라며 서글퍼하다가도, 새해가 시작되면 '제발 날씬해졌으면' 하고 다시 소망했다.

그래 놓고 3월이 되면 꽃구경 생각에 설레다가, 정작 꽃구경할 즈음엔 내 모습이 싫어서 혼자 집에 있었다. 그렇게 뫼비우스의 띠를 무한 반복하고 있던 어느 날이었다. 나의 40년 다이어트 인생에 지각변동을 일으킬 만한 대단한 사건이 생겼다. 단 한 장의 사진으로부터.

제3장

드디어 범인 체포

1. 어느 날 날아온 한 장의 사진

"잘 지내니? 요즘도 열심히 다이어트 생활하고 있어?"

일 년에 한두 번이지만 연락을 이어 가며 지내는 교포 언니가 있었다. 20대 초반에 갔던 캐나다 어학연수 시절에 알게 되어, 밀도 있는 관계로 지낸 지 20년이 넘은 사이였다. 언니는 해외에 거주하고 있어서 나와는 물리적으로 거리가 있었지만, 서로의 관심사에 대해서는 잘 알고 있었다. 매해 안부를 주고받을 때마다 나는 끊임없이 다이어트에 도전하고 있었기에, 언니는 자연스레 다이어트 안부로 인사를 건네곤 했다. 나도 그게 당연했다.

"응. 이번에도 실패했어. 간헐적 단식으로 누구는 20kg이나 뺐다던데, 나는 오히려 더 쪘어. 모든 다이어트가 나만 왕따를 시키는 것 같아."

"너 그럼 이거 한번 봐 봐."

"잉? 이게 뭐야? 몸은 마른 징직처럼 삐쩍 마르고, 밥그릇은 또 왜 저렇게 커?"

정말 희한한 광경이었다. 지금의 갈비탕 그릇만 한 밥그릇에, 국그릇은 그것의 두 배 크기. 밥은 또 얼마나 가득 담았는지, 선비 신분에 머슴밥을 먹고 있지 않은가! 하지만 그것과는 반비례하는 몰골. 선비의 얼굴이 오늘날의 여자 아이돌보다도 작은 얼굴이라니. 대체 저렇게 많이 먹은 게 다 어디로 갔단 말인가? 힘들여서 농사를 짓는 농부도 아닌데 말이다.

"살이 빠지는 공식이 있대. 실컷 먹어도 살이 빠지는 방법 말이야. 이미 25년 전부터 아는 사람들은 아는 방법인가 보더라고. 미스코리아 금나나도 이 방법으로 체중 감량하고 출전했다는데? 전문적으로 지도하는 인터넷 카페가 있어. 검색해 봐."

살이 빠지는 공식? 그거야 초등생도 아는 방법 아닌가? 적게 먹고 많이 움직이면 되는 뻔한 공식. 하지만 실컷 먹어도 살이 빠진다니. 그래 봐야 양배추, 오이 같은 채소나 실컷 먹는 거겠지 싶었다. 이미 해 볼 만큼 다 해 본 나로서는 대단한 기대가 생기지 않았다. 반응을 보이지 않는 내게 언니는 놀라운 한마디를 던졌다.

"과일, 치킨, 맥주, 삼겹살, 국수, 빵, 이런 걸 먹고 싶은 만큼 먹고 10kg 이상씩 뺐대. 이 여자 사진 봐 봐"

언니가 두 번째로 준 사진에는 중년의 여자와 아가씨가 나란히 서 있었다. 누구나 예상하듯 뚱뚱한 여자는 중년일 테고 날씬한 여자는 아가씨겠지 싶었는데 아뿔싸, 이 두 사람은 동일 인물이었다. 감량 후의 모습이 이렇게나 천지 차이라니. 심지어 하루 세끼 섭취한 식사량은 어지간한 운동선수보다도 많아 보였다.

1인분 한 끼 식사량(양 제한 없음)

충격 그 자체였다. 그동안 칼로리 따져 가며, 먹을 때마다 바들바들 떨었던 날들은 대체 뭐였단 말인가? 매해 어김없이 실시되는 민방위 훈련처럼, 시작은 성실했으나 결과는 비참했던 나의 슬픈 다이어트들이 스치고 지나갔다. 물만 마셔도 살찌는 체질이라며 물도 제한하고, 과일엔 당분이 많아 살찐다는 얘기에 수박 한 조각을 마음 놓고 먹지 못하던 나였다. 그런 나에게 이 사진들은 충격과 기대를 동시에 주었다.

"어떻게 씨름선수처럼 먹고도 날씬해진 걸까?"

이 사진들이 가짜일 리는 없었다. 하지만 기존의 다이어트 공식을 배반하기에는 내 머리가 말을 듣지 않았다. 한참을 들여다봐도 도무지 믿기지 않았다. 그러다 문득 이런 생각이 들었다. '하긴, 적게 먹고 많이 움직이는 것이 반드시 옳은 방법이었다면, 나도 한 번쯤은 날씬했어야 했잖아?'

떠올려 보니 샐러드 한 접시로 버티던 때도 살은 빠져 주지 않았다. 적게 먹은 만큼 날씬해져야 인지상정이거늘, 몸은 그걸 몰라줬다. 그렇다면 저 오래된 사진 속의 선비처럼, 먹어도 먹어도 살이 찌지 않는 공식이 있을 수도 있다는 생각이 들었다. 정확한 조건에서만 반응하는 리트머스 종이처럼, 다이어트에도 딱 맞아떨어지는 그런 공식 말이다.

빛의 속도로 그 인터넷 카페에 가입했다. 회원 수가 생각보다 많았다. 게시글들을 밤새도록 읽었다. 모든 것이 사실이었다. 치킨, 삼겹살, 맥주, 빵, 국수, 과일, 잡곡밥 등 비만인들에게는 금지 식품이었던 것을 이곳의 사람들은 모두 먹고 있었다. 그러고는 매일같이 본인들이 먹은 과일, 탄수화물, 단백질 식사에 대한 기록을 일기처럼 공유했다. 특히 이들은 철저히 두 가지를 지키는 듯했다.

"삼시 세끼 빠짐없이, 먹고 싶은 만큼 실컷."

실컷 먹어도 날씬했던 조선시대

"조선사람들은 보통 한 사람이 3~4인분을 먹어치우고, 서너 명이 앉으면 한자리에서 20~25개의 복숭아와 참외가 없어지는 것이 다반사다. 믿을 수 없이 많은 양의 밥이 커다란 붉은 고추 한 줌과 함께 순식간에 사라지는 것이다."

"60세 중반의 노인은 식욕이 없다 하면서도 다섯 공기를 먹었다. 복숭아를 대접하면 가장 절제하는 사람도 열 개 정도를 먹으며, 50개까지 먹는 사람도 있다."

(이사벨라 버드 비숍, 《한국과 그 이웃나라들》)

연대별 밥공기 크기 비교 ※용량은 그릇에 물을 가득 채웠을 때 기준

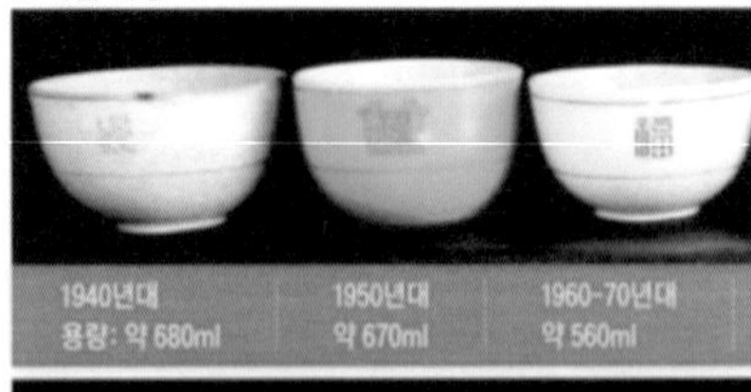

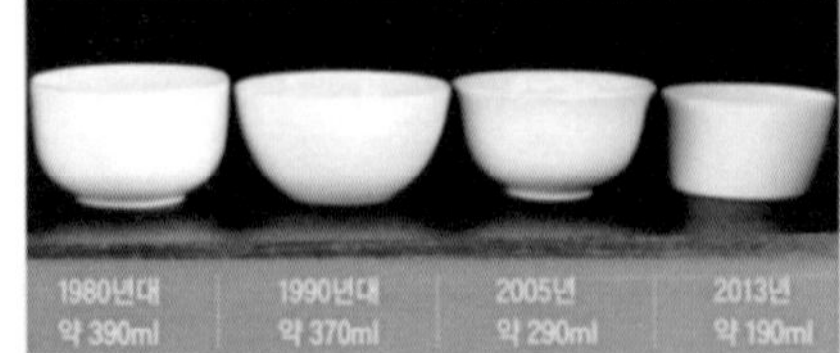

(출처: MBC)

2. 씨름선수처럼 먹고도 날씬해진 그녀들

배가 터질 때까지 실컷 먹어 본 적이 있었나 생각해 봤다. 없다. 믿지 않겠지만 그렇게까지 먹어 본 적은 없었다. 물론 과식을 해 본 적은 있다. 예를 들자면 점심 식사에 공깃밥을 추가했다든지, 라면을 먹고 나서 만두를 또 먹었다든지 말이다. 하지만 그것들을 '배가 터질 때까지' 먹어 본 적 없다. 맹세코 없다. 왜냐하면 나에게는 남들보다 예민한 '다이어트 센서'가 존재했기 때문이다.

어쩌다 먹는 라면에 밥이라도 두어 술갈 말아먹었다는 것만으로도 죄책감에 시달리는 나에게, 배가 터질 때까지 먹는다는 것은 끔찍한 일이었다. 그랬다가는 다이어트 센서가 밤새도록 작동되어 눈물로 베갯잇을 적실 것이 뻔했다. 게다가 다음 날의 체중계 바늘이 오른쪽으로 한참 기울어져 있을 상상만으로도 등골이 서늘해졌다. 어디 그뿐인가? 얼굴은 부어 있을 것이고, 잘 맞던 바지의 허리는 잠기지 않을 것이다. 그런 불쾌한 아침을 맞이하는 것이 저승사자보다 무서웠다. 나에겐 그랬다.

배불리 먹는다는 것에 마음이 혹한 것은 사실이지만, 그렇다고 덮어놓고 믿기에도 불안했다. 한 끼에 수박 반 통, 한 끼에 우동 세 그릇, 한 끼에 삼겹살 한 근, 한 끼에 달걀 15개. 삼시 세끼를 거대하게 해치운 이 카페 회원들의 식사 사진은 나를 계속 혼란스럽게 했다.

'사기꾼 집단인가? 혹시 사이비 종교?'

별의별 생각이 머릿속을 채웠다. 마치 아마존 어딘가에 있다는, 세상과 단절된 채 살아가는 미지의 부족을 훔쳐보는 기분이었다.

아침 - 과일
망고, 배, 사과, 수박 등
점심 - 탄수화물
감자, 옹심이, 냉면 등
저녁 - 단백질
계란, 통닭, 삼겹살 등

이곳 사람들은 자신들의 식사법을 '과탄단'이라고 불렀다. 과일, 탄수화물, 단백질을 분리해서 따로따로 먹는 방법이었다. 예를 들어 아침 식사로 과일 실컷, 점심에는 탄수화물로 실컷, 저녁에는 고기로 실컷 먹으면 된다고 했다. 심지어 아무리 많이 먹어도 살이 찌지 않고 감량이 된다는 것이다.

그때의 나는 원리나 이론 따위는 궁금하지도 중요하지도 않았다. 단지 많이 먹을 수 있고, 그래도 살이 빠진다는 사실 하나만 귀에 꽂았다. 그러고는 바로 '과탄단'에 돌입했다. 아침에 눈 뜨자마자 수박을 배불리 먹었다. 점심엔 우동을 또 실컷 먹었다. 저녁엔 호프집에서 친구들과 치킨과 맥주로 회포를 풀었다. 이런 내 모습을 보며 친구들이 이구동성으로 물었다.

"너 이제 다이어트 포기했어?"

"아니? 나 다이어트 시작한 거야. 이번엔 많이 먹는 다이어트야."

이런 나의 대답에 친구들은 어리둥절한 표정을 지었다. 무슨 앞뒤 안 맞는 소리냐며 나를 이상한 사람 취급했다. 어쩔 수 없는 노릇이었다. 그냥 맛있게 먹고 결과로 보여 줄 수밖에. 그때의 나는 '천체가 아닌, 지구가 돌고 있다.'라는 지동설을 주장한 갈릴레오가 된 기분이었다. 예나 지금이나 선

구자의 길은 험난한 법 아니던가.

과탄단을 시작한 첫 주는 매일 아침이 행복했다. 그렇게 먹어 댔는데도 다음 날 체중을 잴 때마다 감량이었다. 치킨을 얼마나 자주 먹었던지, 치킨집 아저씨가 내 목소리만 들어도 몇 동 몇 호의 누군지 알아챌 정도였다. 이럴 때는 살생을 반성하며 절에 가서 108배라도 해야겠다는 생각마저 들었다. 하지만 그런 마음은 저녁이 되면 이내 사라지고, 내 손은 분주히 치킨집으로 전화하느라 바빴다. 어차피 인생은 약육강식이라며.

그렇게 일주일이 지났다. 기대 없이 체중계에 올랐다. 내 동공이 커지는 것을 느꼈다. 무려 2kg이나 감량되어 있었다. 매일 아침 69.5kg이냐 70kg이냐로 하루의 기분이 결정되던 나에게 2kg은 대단한 수확이었다. 더구나 그렇게나 실컷 먹고도 말이다. 놀라웠다. 하지만 한편으로는 그동안 방구석 수학자처럼 칼로리를 계산해 가며 먹었어도 1kg을 감량하지 못해 애태웠던 날이 떠올랐다. 그날들은 대체 뭐였나 싶을 정도였다. 어쨌든 왼쪽으로 기울어진 체중계 바늘은 종일 나를 기쁘게 했다.

다이어트의 신대륙을 찾아낸 나 자신이 한없이 기특했다. 이렇게만 5주, 10주만 반복한다면 -10kg은 '누워서 떡 먹기'인 것이다. 웃음이 절로 났다. 종일 마음이 풍선처럼 둥둥 떠 있는 듯했다. 아메리카 대륙을 발견한 콜럼버스의 기분이 이랬겠구나 싶은 것이, 종일 행복했다. 이런 희소식을 날씬한 친구에게 특종으로 전했다. 하지만 돌아온 것은 축하인지 비아냥인지 알 수 없는 말이었다.

"그게 그렇게 기뻐? 나는 똥만 누고 나와도 -2kg인데."

친구의 반응이 얄미웠지만 사실이었다. 그녀는 먹은 만큼 잘도 배출되는 그런 체질이었다. 하지만 나는 3일에나 한 번 변을 볼까 말까 한 만성 변비였다. 인풋에 비해 아웃풋이 영 신통찮았다. 경제학적으로 이득인지 손실인지가 헷갈리는 그런 체질이었다.

3. 먹을수록 살이 빠지는 비결, 흡수력

다이어트와 전쟁하느라 쉴 새 없는 나에게도, 1년 중 2개월 정도는 휴전하는 기간이 있었다. 그게 언제냐 하면 '실패했을 때'와 '새로운 다이어트 법 발견'을 했을 때였다. 실패했을 때는 그동안 못 먹었던 것을 실컷 먹느라 허리띠를 풀었고, 새로운 다이어트 법을 발견했을 때는 한동안 못 먹게 될 음식들과 작별 인사를 하느라 허리띠를 풀었다.

먹고 싶은 만큼 실컷 먹었지만, 마음은 편안하지 않았다. 뭐라 정의할 수 없는 여러 복잡한 이유로 인해 더 불안했다. 늘 참아야 하고, 적게 먹어야 한다는 강박으로 음식을 대하다 보니, 구실만 생기면 고삐 풀린 망아지가 되었다. 심한 스트레스가 있거나, 생리 때가 될 무렵에는 고삐가 풀린 정도가 아니었다. 요즘 말로 '정신줄을 놓아 버리는' 상황이 전개됐다.

그렇게 한 번씩 터져 버릴 때는 통제가 되지 않았다. 공권력이라도 투입해야 진압이 될 것만 같은 폭발적인 식욕이었달까. 그렇게 폭발해 버리고 나면 그동안의 인내가 물거품이 되어 버리고, 바로 요요로 이어졌다. 이런 악순환을 끊지 못하고 평생 제자리걸음만 반복하며 살아갈 것을 생각하니, 나 자신이 불쌍했다. 나를 통제할 수 있는 어떤 장치가 필요했다. 혼자는 할 수 없었다. 함께 할 수 있는 누군가가 필요했다.

'단시간에 많이 감량하는 것보다, 일상생활 속에서 꾸준히 지속할 수 있으면 좋으련만.'

과일이나 채소만 먹는 다이어트, 고기나 유제품만 먹는 다이어트도 나에게는 효과가 없었다. 아니, 살이 빠져 줄 때

까지 내가 견뎌 내질 못했다. 그 방법들이 잘못된 게 아니고 나에게 적합하지 않았던 것이다. 누구는 20kg도 감량하고 각종 질환에서 해방되기도 했다는데, 나에게는 해당 사항이 없었다. 이런저런 실패 요인들을 떠올리다 보니, 결국엔 '포기하지 않는 방법'이어야 한다는 결론이 났다.

그러고는 신속하게 과탄단 다이어트를 결정할 수 있었다. 봄이 시작되고 있는 지금 3월이 적기였다. 사계절 중 그 어떤 시작이라도 환영해 주는 유일한 계절이기에 이때를 놓치고 싶지 않았다. 과일, 채소, 탄수화물만 먹는 자연식물식 또는 고기만 종일 먹는 고지방식을 모두 경험해 봤기에, 제한의 압박이 심한 다이어트는 이제 싫었다. 일상에서 지속할 수 없는 다이어트는 실패 이력만 늘릴 뿐이기 때문이었다.

처음엔 어떤 원리로 그 많은 양을 먹고도 살이 빠지는지도 몰랐다. 그저 많이 먹어도 된다길래 '그래 어디 한번 실컷 먹어 보자'라는 생각으로 덤벼들었다. 배불리 먹을 수 있다는 그 한 가지에만 눈이 멀었었다. 하지만 빠른 감량보다, 포기하지 않고 지속하는 것이 중요하다는 것을 잘 알기에 시간이 흐를수록 탐구적인 자세로 접근했다. 종일 성공자들의 사례를 정독하며, 모범답안을 찾으려 애썼다. 그들의 100일간의 진행 결과를 보면서 확신이 강해졌다.

과탄단 다이어트를 최초로 만들어 낸 곳은 네이버 카페 '살잡이'라는 이름의 다이어트 동호회였다. 그렇기에 시간을 들여 어딘가로 왔다 갔다 할 수고가 필요 없다. 오직 자신의 의지만으로 진행한다. 100일간 감량할 목표 체중을 정한 후 스스로 아침, 점심, 저녁 식단을 정확히 잘 지켰는지를 일기처럼 기록해서 올린다. 같은 목적의 사람들이 함께 모여 있다 보니, 서로에게 많은 도움을 줄 수 있었다.

예를 들어 '탄수화물 식단을 이렇게 먹으니 감량이 잘 되더라, 단백질 식단 때 된장으로 이렇게 양념을 하니 맛있더라' 하는 꿀팁도 얻을 수 있다 보니, 지루한 식단을 벗어날 수 있었다. 동병상련이라는 상황이 서로에게 위안이 되었다. 원리를 알면 실천이 쉬워진다. 모르고 시작하면 실천이 고단하다. 그러다 보면 배부르게 실컷 먹으며 감량할 수 있는데도 자꾸 다른 길로 새게 된다. 제대로 된 이해만이 확신을 만들어 주기 때문이다. 나는 더 이상의 실패는 하고 싶지 않았다. 그래서 '살잡이'를 운영하는 오윤호 대표님께 과탄단 원리에 대해 자세히 물었다.

"흡수력을 떨어뜨리는 방법이에요. 같은 음식을 같은 양으로 먹어도, 누구는 날씬하고 누구는 뚱뚱하죠? 사람의 체질에 따라 영양분을 흡수하는 능력이 다르기 때문이거든요. 여

러 종류의 영양소가 한꺼번에 들어오면, 몸은 최대한 많이 흡수하려고 합니다. 이때 흡수력이 강한 체질은 뚱뚱해지겠죠.

반대로 흡수력이 약한 체질은 아무리 먹어도 날씬하죠. 그래서 살을 빼고 싶은 사람들은 한 끼에 한 종류만 먹어야 해요. 물론 이것저것 섞어서 가공한 정제 음식이 아닌, 자연 그대로의 비정제 음식이어야만 합니다. 이것만 지킨다면 흡수력이 약한 체질로 만들 수 있어요."

문제는 '흡수력'이었다. 이 짧은 단어 하나로 그동안의 미스터리가 확 풀리는 듯했다. 많이 먹지 않아도 항상 뚱뚱했던 억울한 시절에 대한 충분한 이유가 되어 주었달까. 하지만 그 어떤 다이어트든 반드시 지켜야 할 조건은 있었다.

"절대 끼니를 거르면 안 돼요. 굶으면 흡수력이 강한 체질이 됩니다. 몸의 입장에서는 언제 영양소가 들어올지 모르는 상태가 되니 불안하거든요. 나중엔 아무리 적게 먹어도 지방으로 저장하려고만 하죠. 결국엔 흡수력이 강한 체질이 되고, 그러면 살이 안 빠지는 체질이 되는 거예요."

그랬다. 내가 아무리 식욕 억제제를 달고 살아도, 새 모이만큼 먹어도 살이 빠지지 않는 데에는 이런 이유가 있었던 것이다. 25년간 과탄단 다이어트를 지도해 온 그분의 노하우만큼, 많은 성공사례를 카페 게시판에서 확인할 수 있다. 회원들의 어마어마한 양의 식사 사진을 보게 된다면 아마도 깜짝 놀랄 것이다. 예전의 나처럼 말이다.

제대로 이해하니 마음이 차분해졌다. 과일, 탄수화물, 단백질, 맥주, 소주를 실컷 먹는 다이어트마저도 실패한다면 이 세상에 나를 구원해 줄 다이어트는 세상에 없다고 생각했다. 다들 알다시피 다이어트 최대의 적은 '배고픔' 아니던가.

4. 따로따로 먹기만 하면 된다고?

과탄단이 내게 알려준 것은 '많이 먹는 것과 체중 증가는 비례하지 않는다'는 사실이었다. 다만 '무엇을, 어떻게 먹느냐'가 핵심이었다. 우선 아래의 조건을 충족시키는 것이 중요했다.

• 과일, 탄수화물, 단백질을 따로 먹을 것

- 식재료는 식품 공장을 통한 가공이 되지 않은 순수한 음식이어야 할 것(예를 들면 소시지는 X, 삼겹살은 OK / 팝콘은 X, 옥수수는 OK)
- 가공된 소스 및 설탕, 양념을 금할 것(소금, 후추, 재래된장은 OK)
- 매 끼니가 끝난 후 네 시간 공복을 유지할 것
- 탄수화물, 단백질 식사 시 맥주, 소주 곁들여도 OK. 음주와 체중 증가는 무관함. 하지만 건강을 위해 과음은 삼갈 것.

나는 평소에도 단것을 좋아하는 식성이 아니어서 과일을 기피하는 편이었다. 집안에 당뇨 내력이 있는 것도 아니고, 누가 못 먹게 한 것도 아니었는데 어릴 적부터 달콤한 음식에 끌리지 않았다. 그리고 여러 다이어트를 거치면서 '당분 = 비만'이라는 공식이 머릿속에 있어서인지, 더욱 과일을 멀리했다. 그러다 보니 아침마다 과일을 먹는다는 것이 꺼려졌다.

더구나 아침엔 유독 식욕이 없어서 어쩌다 아침을 먹기라도 하면 속이 불편했다. 그러다가도 점심이 되면 되레 평소보다 많이 먹게 되곤 했다. 아침 식사가 마중물 역할이라도 한 것처럼 느껴질 정도였다. 그러다 보니 아침을 꼬박꼬박 먹는 것과 그것이 과일이어야 한다는 것이 부담스러웠다. 하지만 먹어야 빠진다고 하니 먹을 수밖에. 우려와는 달리 과일 식사는 수월했다.

인간은 적응의 동물이라더니 나도 금세 적응했다. 어느덧 눈을 뜨면 자동으로 과일을 베어 물었다. 점심은 탄수화물이어야 했다. 감자, 우동, 잔치국수, 칼국수, 냉면, 바게트 등 순수한 탄수화물로 만들어진 것이면 무엇이든 상관없었다. 요즘은 'No 버터, No 설탕' 같은 건강식 콘셉트의 빵을 쉽게 구할 수 있다.

흔한 베이커리 체인 어딜 가더라도 밀가루, 소금, 이스트만으로 만든 빵이 한두 종류씩은 있다. 대표적인 빵이 바게트이다. 이름 대면 알 만한 대형 빵집 아무 곳이나 들어가서 바게트를 사면 된다. 나는 일하다가 열 받을 때면 커피에 팔뚝만 한 바게트를 2줄씩 먹은 적도 있다. 원인을 제공한 그 존재를 바게트와 함께 씹어 가며.

비가 오는 날엔 뜨끈한 국수가 빠질 수 없다. 근처 국숫집 중 멸치로 국물을 진하게 우려낸 곳을 찾아, 곱빼기로 먹었다. 하지만 국수에 얹는 고명인 달걀, 깨, 김 가루는 빼 달라고 주문과 동시에 요청했다. 감량을 위해서는 오직 탄수화물만을 순수하게 섭취하는 것이 효과적이기 때문이었다. 어떤 날은 앉은 자리에서 세 그릇이나 먹기도 했다. 실컷 먹어도 빠진다는데, 체면 따위는 중요하지 않았다.

저녁엔 삼겹살, 치킨, 계란, 우유, 생선, 두부 등 단백질 중 1종이라면 무엇이든 먹을 수 있었다. 나는 집 근처 통닭집에서 튀김옷이 얇게 입혀진 옛날 통닭을 주로 먹었다. 옛날 통닭 한 마리와 생맥주를 혼자 앉아서 신나게 뜯곤 했는데, 주인아주머니는 그런 내가 불쌍해 보였는지 나에게만 닭똥집 튀김 한 접시를 서비스로 주시곤 했다. 물론 사양하지 않았다.

하루 중 가장 행복한 시간이었다. 김이 모락모락 올라오는 갓 튀긴 통닭을, 살찔 걱정 없이 먹을 수 있었으니. 이렇게나 다양한 종류로, 많은 양을 먹으면서도 다이어트를 할 수 있다는 것이 신기했다.

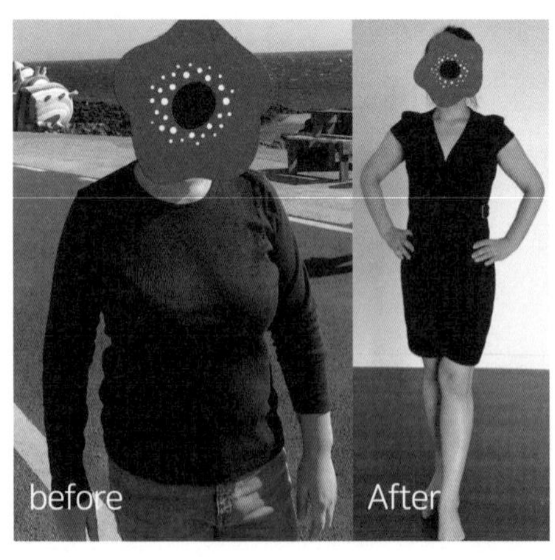

나의 과탄단 다이어트 전과 후

제4장

쉬지 않는 식단의 위력, -10kg!

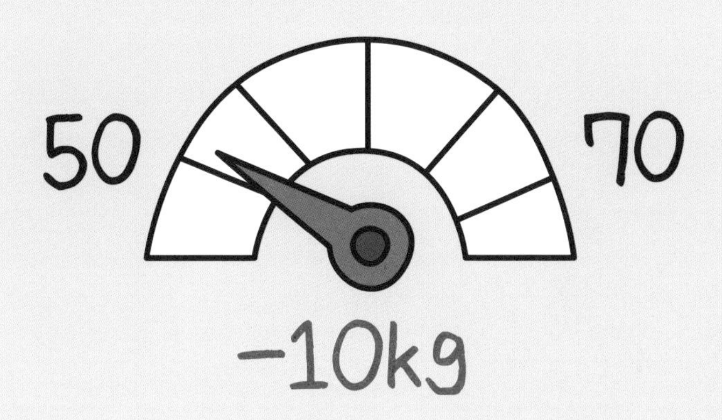

1. 수박 한 통, 밥 한 솥

이제 내가 많이 먹으면서도 살을 뺄 수 있었던 식단에 대해 조금 더 상세하게 말하려고 한다. 그전에 이런 의문이 든다면 머리에서 싹 지우기 바란다.

'이렇게 많이 먹어도 살이 빠질까?'

'칼로리 계산을 안 해도 될까?'

당연히 '예스!'이다. 앞으로 제시하는 식단 안에서는 무엇이든 먹고 싶은 만큼 안심하고 먹어도 좋다. 먼저 아침 식사를 보자. 과탄단 다이어트에서는 '잠에서 깨어 처음 먹는 것'이 아침 식사이다. 몇 시에 일어나든 상관없다. 10시든 12시든 상관없이 잠에서 깨어 입에 넣는 첫 음식이 아침 식사이다. 아침 메뉴는 과일이다. 먹고 싶은 과일 1종을 선택하면 된다. 아래는 내가 실제로 섭취했던 식사 예시들이다.

아침 식사

개수나 양에 상관없이, 그날의 기분이나 컨디션에 따라 먹고 싶은 만큼 먹는다. 입맛이 없으면 적게 먹어도 되지만, 일부러 적게 먹으려고 할 필요는 없다.

월요일: 귤 7개

화요일: 사과 4개

수요일: 포도 2송이

목요일: 배 2개

금요일: 오렌지 5개

토요일: 키위 5개

일요일: 수박 3분의 1통

이렇게 충분히 만족스러운 식사를 하면 된다. 단 식후에 절대 하지 말아야 할 것이 있다. 졸음이나 잠을 자는 것이다. 졸음은 뇌에서 '지방을 빼앗기지 않으려는 수작'이라고 생각하면 된다. 우리는 무거운 지방을 덜어 내고자 다이어트를 시작했기에, 졸음과 싸워 이겨야 한다. 그러려면 커피나 녹차를 곁들이며 정신을 맑게 유지하는 것을 추천한다. 식사가 끝난 후 소파에 누울 생각 말고, 무조건 밖으로 나가도록 한다. 졸음이나 수면에 빠지는 순간, 감량은 더뎌진다.

아침 식사를 마친 시간도 꼭 체크한다. 끝난 시점부터 최소 4시간 이후에 점심 식사를 할 수 있다. 5시간 후여도, 6시간 후여도 상관없다. 공복시간이 최소 4시간은 유지되어야 한다는 의미이다.

점심 식사

점심 식사는 탄수화물 1종이다. 첨가물이 섞이지 않은 밀가루류 (칼국수, 잔치국수, 우동, 냉면), 또는 빵류(바게트, 치아바타), 또는 감자, 잡곡밥(찰현미+보리+콩 한 줌) 중 1종을 선택하여 충분히 먹는다.

개수나 양에 상관없이, 그날의 기분이나 컨디션에 따라 먹고 싶은 만큼 먹는다. 입맛이 없으면 적게 먹어도 되지만,

일부러 적게 먹으려고 할 필요는 없다.

월요일: 잔치국수(주문 전 지단, 김 가루, 깻가루 등 빼 달라고 요청하기. 채소 고명 ok, 국물 ok)

화요일: 바게트(버터, 설탕이 첨가되어 있지 않은 것인지 확인하기, 유명 체인점 바게트 ok)

수요일: 찐 감자(설탕, 버터, 각종 소스 금지. 소금, 재래된장만 가능)

목요일: 잡곡밥(찰현미 70 : 보리 30 비율로 약간의 재래된장+생채소와 곁들여 먹기)

금요일: 칼국수

토요일: 우동(주문 전 지단, 김 가루, 깻가루 등 빼 달라고 요청해 놓기. 채소 고명 ok, 국물ok)

일요일: 냉면(주문 전 고기 고명, 깻가루, 김 가루, 계란 빼 달라고 요청해 놓기, 채소 ok, 겨자 & 식초 ok)

계란 고명, 깻가루, 김 가루, 버터, 설탕, 참기름 등을 절대 곁들이지 않는다. 여러 양념이나 고명과 섞어 먹는 순간 음식의 흡수율이 높아진다. 우리는 흡수를 낮춰야 하는 체질임을 잊지 말자. 최대한 심플한 조리법, 순수한 탄수화물의

식단으로 실컷 먹는다. 잡곡밥을 한 솥 먹어도 좋다. 나는 한동안 상추, 깻잎, 얼갈이를 썰어 넣고 재래된장으로 비벼서 밥을 한 솥씩 해치우기도 했다. 그래도 감량이 잘 되었으며, 심지어 아랫배도 눈에 띄게 들어갔다.

점심 식사도 1시간 이내로 끝내도록 한다. 끝난 시점부터 4시간 공복을 유지해야만 그다음 식사를 할 수 있다. 앞서 말했듯이 공복시간은 5시간, 6시간이 되어도 상관없다. 하지만 최소 4시간만큼은 꼭 지켜야 한다. 점심 식사 후에도 반드시 금해야 할 것은 졸음 또는 수면이다. 가공되지 않은 거친 음식들을 소화하느라, 마치 수면제를 먹은 듯이 잠이 쏟아질 것이다. 하지만 절대 허락해서는 안 된다.

두 눈을 부릅뜨고 이겨내야 한다. 책상에 엎드리거나, 의자 등받이에 기대는 순간 꿈나라로 가 버린다. 나 역시도 초기엔 경험해 본 적 없는 최강의 졸음과 싸우느라 나의 뇌와 몸은 한동안 전투 상태였다. 지방을 빼앗으려는 자와 빼앗기지 않으려는 자의 불꽃 튀는 싸움이 이렇게나 치열하다니. 하지만 점점 몸은 내 편이 되어 주었고, 한 달쯤 지났을 땐 졸음과의 전쟁이 평화롭게 종전되었다.

저녁 식사

저녁 식사는 단백질 1종이다. 소고기, 돼지고기, 닭, 오리, 계란, 생선, 두부, 우유 중에서 선택한다. 이때 맥주, 소주를 곁들여도 좋다. 술 때문에, 회식 때문에 다이어트에 실패했던 사람들이라면 이제 어깨를 펴고 마음껏 즐겨도 된다. 그러나 밥, 국수, 라면 등의 탄수화물과 함께 섭취하는 것은 절대 금물임을 명심하자.

개수나 양에 상관없이, 그날의 기분이나 컨디션에 따라 먹고 싶은 만큼 먹는다. 입맛이 없으면 적게 먹어도 되지만, 일부러 적게 먹으려고 할 필요는 없다.

월요일: 치킨(튀김옷이 최대한 얇은 프라이드 또는 옛날 치킨으로 선택)

화요일: 두부전골(고춧가루, 간장, 소금, 마늘, 된장+각종 채소를 넣은 심플한 전골)

수요일: 달걀 프라이 10개

목요일: 삼겹살(소금 ok, 된장 ok, 생채소와 곁들이기)

금요일: 생선회(와사비 간장 ok, 생채소와 곁들이기)

토요일: 우유 1,000ml

일요일: 쇠고기 샤브샤브(가공 소스 X, 국물 ok)

애주가들에게는 하루 중 가장 기다려지는 시간이다. 맥주, 소주를 곁들이기에 아주 좋은 식단이기 때문이다. 다만 조심해야 할 것은 술과 곁들이다 보면 식사 시간 1시간을 훌쩍 넘기는 경우가 많아진다. 맥주, 소주는 1시간이 넘게 마셔도 상관이 없다. 다만 음식 섭취는 1시간 이내에서 끝내도록 한다. 취침 시간은 마지막 한 점을 먹은 시점부터 4시간 후여야 한다.

점심과 저녁 식사 시, 생채소를 항상 곁들여 주는 것을 잊지 말자. 요동치는 식욕이 조절되고 체중 감량에 많은 도움을 준다. 비정제 음식으로 가득한 식단만이 흡수를 낮춰 줄 수 있다. 물론 다이어트 때마다 늘 따라다니는 변비 해소에도 도움이 된다. 나의 경우 채소가 비쌀 때는 식당 주인의 눈치가 신경 쓰였다. 그래서 알배추나 상추, 깻잎을 가방에 한 무더기씩 넣고 다닌 적도 있다. 채소는 상비약처럼 늘 준비해야 함을 잊지 말자.

일주일 만에 만나게 되는 변화

단지 섞지 않고 먹었을 뿐인데, 고집 센 나의 살이 빠지기 시작했다. 첫 주엔 무려 2kg이나 감량되었다. 섞어 먹고 살 때는 훨씬 적게 먹었어도 단 500g을 내 맘대로 할 수가 없던 몸이었다. 하지만 평소보다 10배나 많이 먹었음에도 금세 2kg이나 줄어들다니! 주변에서는 '얼굴이 갸름해졌다'라며 변화를 알아보기 시작했고, 나 역시도 옷 입기가 편안해짐을 느낄 수 있었다.

하지만 경험해 본 적 없는 신체적 반응도 따라왔다. 첫 일주일간은 저녁에 고기 식사가 끝난 후, 며칠간 설사가 동반되었다. 항상 변비로 고생하던 나는 오히려 시원한 느낌이 들기도 했다. 이 반응은 과일, 탄수화물, 단백질이 뒤섞이지 않게 되자 음식의 흡수율이 떨어지면서 생기는 일시적인 현상이다.

우리의 장은 영양분이 다양하게 들어올수록 최대한 흡수하려고 애쓴다. 그런 이유로 장의 흡수력이 강한 체질은 섭취된 음식의 수분까지 남김없이 흡수하므로 변비에 시달리게 되는 경우가 많다. 하지만 섞지 않고 먹게 되면 변 상태는 달라진다.

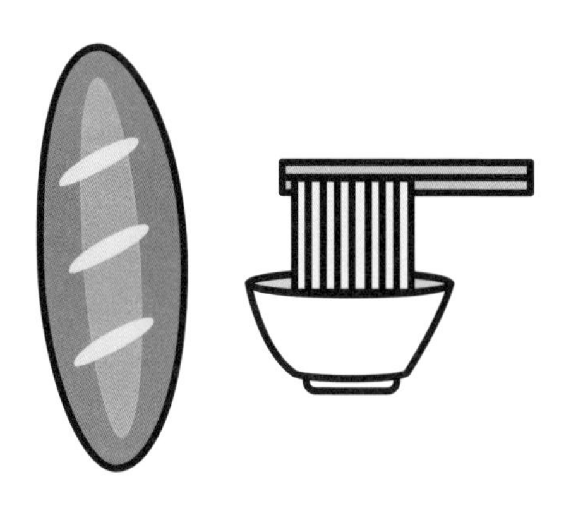

2. 나는 왜 너를 사랑하는가? 밀가루

"국수나 빵 같은 밀가루 음식은 다이어트의 최대 적이다." 다이어트 전문가들이 늘 하는 얘기이다. 그들이 말하는 것은 밀가루로 된 모든 음식이 비만의 원인이라는 맥락이었다. 하지만 내가 경험한 밀가루는 그렇게 나쁜 존재가 아니었다. 설탕이나 버터, 그리고 기타 불필요한 첨가물과 섞여 있는 밀가루 음식이 문제인 것이다.

섞이지 않은 밀가루 음식은 오히려 다이어트에 도움을 주었다. 먹으면 기운이 나고, 탄수화물 음식의 기분 좋은 식감들이 다이어트를 유지하게 해 준 것이다. 밀가루를 멀리한다며 사회와 단절될 필요도 없다. 오히려 지속 가능한 다이어트에 큰 역할을 한다.

냉장고 속의 우동이나 소면의 성분표를 확인해 보면 그 이유를 알 수 있다. 밀, 소금 정도가 전부이다. 한 솥을 삶아 먹어도 살이 찌지 않는다. 설탕과 기름, 온갖 첨가물로 된 양념이나 소스로 뒤범벅하지 않는다면 말이다. 생각해 보니 그랬다. '밀'이 인간을 뚱뚱하고 병들게 했다면, 기원전부터 밀이 주식이었던 민족들은 모두 비만으로 병들어 죽었어야 하는 것 아닌가?

우리 민족에게 쌀이 주식이었듯, 밀을 주식으로 했던 민족들에게는 밀이 그 역할을 했다. 초식동물이 오직 후각에 의존하여 자신에게 이로운 풀만을 찾아내듯, 인간은 밀과 벼를 생존의 수단으로 선택한 것이다.

초등학생 시절에 <플랜더스의 개>라는 만화를 재밌게 봤던 기억이 있다. 주인공이었던 '네로'가 식사 시간에 늘 먹던 빵이 내 눈엔 신기해 보였다. 왜냐하면 너무나도 맛없어 보이는 빵이었기 때문이다.

모양은 럭비 공 같았고 밀가루를 대충 뭉쳐서 구워 놓은 듯했다. 주인공 네로는 신발 가죽처럼 질겨 보이는 그 빵을 손으로 뜯어 가며 수프나 우유와 먹었다. 그 모습을 볼 때마다 네로가 불쌍하게 느껴질 정도였다. 그만큼 내 눈엔 그 빵이 맛없어 보였다. 왜냐하면 내가 즐겨 먹어 온 빵과는 거리가 멀었기 때문이다.

견과류가 잔뜩 얹혀 있거나, 속에 단팥이나 크림이 가득 들어 있어야 빵이라고 생각했다. 제과제빵 기술을 일본으로부터 들여 온 우리나라로서는 당연했다. 일본에서의 제과제빵은 간식이나 디저트 개념이었기에, 우리나라도 고스란히 같은 개념의 식문화로 받아들였던 것이다.

하지만 빵을 주식으로 하는 유럽에서는 단맛이 없는 담백한 빵을 먹는다. 마치 우리가 쌀밥에 반찬을 곁들이듯, 그들도 심심한 빵에 약간의 곁들임으로 잼이나 버터를 바르는 것이 전부였다. 그랬기에 빵을 주식으로 삼아도 오랫동안 안전한 음식일 수 있었다.

하지만 모든 것이 풍족한 시대가 오자, 사람들은 밀가루를 더럽히기 시작했다. 더 달콤하고, 더 기름지고, 이 맛 저 맛을 잔뜩 섞어 가며 만족하려는 욕심이 생긴 것이다. 그 결과 '밀가루 = 비만'이라는 오명이 씌워졌다. 하지만 그것은 진실이 아니다. 나를 비롯한 많은 사람들이 순수한 밀가루 음식으로 체중 감량에 성공한 것이 그 증거이다.

봄 햇살이 따사로운 날엔, 우아하게 야외 테라스가 있는 베이커리 숍에 가길 바란다. 갓 구운 바게트가 나오는 시간에 맞춰서 간다면 더욱 행복할 수 있다. 쌉쌀한 커피와 바삭한 바게트의 조합은 천국의 맛이다. 입천장이 까질 정도로, 턱 근육이 얼얼할 정도로 씹어 먹고 나면 그간의 스트레스가 확 풀린다.

인격은 탄수화물에서 나온다더니 그 말이 딱 맞다. 실컷 빵을 뜯고 나면 나는 어느새 인자해져 있다. 한껏 상냥할 수 있다. 어지간한 분쟁은 웃으며 넘어가는 나를 발견하게 된다.

'면 치기'라는 말이 있을 정도로, 우리 민족은 면을 좋아한다. 후루룩 들이키듯 중간에 끊어 내지 않고 먹는 면은 숨 막히는 기쁨을 준다. 그 기쁨을 포기하면서 다이어트를 했기에, 우리는 늘 실패자였던 것이다. 이제는 그럴 일이 없다. 멸치로 국물을 내고 건져 낸 후, 소금, 국 간장, 후추, 고춧가루 정도로만 간을 하여 배불리 먹어도 날씬해질 수 있다.

우동도 마찬가지이다. 마트에서 파는 우동면에 시판 우동 간장으로 간을 한 후, 채소 고명을 얹어서 3개고 4개고 배불리 먹어도 된다. 고기, 계란 지단, 유부 등의 단백질 고명민 피하도록 하자. 대신 청양고추를 듬뿍 넣어서 허전함을 달래

든지, 간장과 고춧가루 그리고 약간의 채소들을 잘게 다져 넣어 양념장을 곁들이는 것은 좋다. 불필요한 소스 없이, 저렴한 버섯들을 잔뜩 넣고 함께 끓여 먹어도 맛이 끝내준다.

나의 경우 과탄단 다이어트 초기에는 잔치국수를 3그릇씩 먹은 적도 있다. 그 많은 양이 내 뱃속에 들어가는 것도 신기했지만, 먹고 난 후의 그 가벼운 기분은 더욱 신기했다. 유독 배가 홀쭉하게 들어갔다.

아침마다 바지 허리가 헐렁해지고 있는 것이 느껴질 정도로, 사이즈도 수월하게 줄어 갔다. 그로 인해 먹고 싶은 만큼 먹어도 된다는 안도감이 생기게 되고 점점 식사량은 제자리를 찾아갔다. 언제든 배불리 먹을 수 있기에 음식에 대한 집착이 사라지기 시작한 것이다.

요즘의 나는 한 그릇만 먹어도 충분하다. 하지만 가끔 열 받았을 때는 당연히 곱빼기다. 초창기엔 곱빼기를 주문하는 것이 창피했다. 그래서 주문할 때마다 주인장에게 다가가 귓속말로 속삭였다. “사장님 저 곱빼기로요.”라고. 하지만 눈치 없는 그분은 내 의도를 전혀 몰라줬다. 매번 그렇게 속삭였는데도 내 앞에 국수를 놓아 줄 때는 식당이 떠나갈 정도로 크게 소리쳤다.

“여기 국수 곱빼기 나왔습니다!”

3. 너와 나의 연결고리, 치맥

기름에 튀긴 음식은 맛있다. 오죽하면 '신발을 튀겨도 맛있다.'는 말이 생겼을까? 그렇다면 바삭하게 튀겨 낸 치킨은 무어라 표현하면 좋을까? 조금 거창하지만 '거국적 화합의 아이콘'이라고 표현하면 될까? 그 무엇으로도 충분하지 않다. 그만큼 치킨이 우리에게 주는 의미는 크다.

우리 민족에게 닭은 특별하다. 애틋한 마음을 전달해 주는 유일한 메뉴이기 때문이다. 옛날에는 백년손님인 사위를 위해, 장모의 재산 1호인 씨암탉을 잡아서 대접할 정도였다. 현대로 와서는 조상님으로부터 물려받은 배달의 민족 DNA가 접목되면서 '배달 치킨'으로 서로의 마음을 전할 수 있게 되었다. 이제는 장모 손에 피를 묻히지 않고도 따끈따끈한 치킨을 사위에게 대접할 수 있는 시대가 되었으며, 요즘 집 나간 며느리는 전어 냄새에는 돌아오지 않아도, 치킨 냄새에는 돌아온다고 할 정도이다.

오토바이 타며 사고 치는 아들도 치킨을 시킨 날만큼은 집 밖을 나가지 않는다고 하니, 치킨은 어느새 한국인의 소울푸드가 되어 버렸다. 오죽하면 미국의 유명 치킨 프랜차이즈인 KFC가 유독 한국에서만 맥을 못 출까? 워낙 닭에 특화된 DNA를 가진 민족이다 보니 우리의 치킨 브랜드들은 원조 위의 원조가 되어 있다.

뼛속까지 치킨 냄새가 배어 있는 민족으로서, 치킨을 포기하며 다이어트를 지속한다는 것은 불행의 시작이다. 게다가 갓 튀겨 나온 치킨과 함께 생수를 들이켤 수는 없다. 그 자리를 빛내 줄 수 있는 단 하나의 파트너는 오직 맥주뿐이다. 과탄단이라면 치킨과 맥주를 실컷 즐기면서 감량을 할 수 있다. 다들 이 대목에서 사람들은 나를 의심했지만, 우리 집 앞

치킨집 사장님의 생생한 증언이라면 모두에게 결백을 인정받을 수 있다고 자신한다.

"아이고, 치킨집 20년 넘게 하면서 혼자서 2마리씩 뜯는 여성분은 처음 봤어요."

그랬다. 나는 혼자서 2마리도 뜯곤 했다. 물론 매일은 아니다. 유독 스트레스를 많이 받은 날이라든가, 바쁜 일정으로 점심을 성에 차게 먹지 못했던 날의 소소한(?) 이벤트였다.

그래도 한 가지 조건은 꼭 지켰다. 양념이 잔뜩 묻어 있는 치킨은 입에 대지 않았다. 검정 소스, 하얀 소스, 닭강정이나 양념 치킨은 절대 먹지 않았다. 온갖 첨가물과 설탕이 잔뜩 들어간 치킨은 머리에서 지웠다. 오직 옛날식 통닭이나, 튀김 반죽이 최소화된 심플한 프라이드치킨, 소금구이, 전기구이만이 감량에 도움을 줄 수 있기 때문이다. 소스가 끼얹어짐과 동시에 흡수력이 높아지고 독성과 노폐물을 만들어 우리를 뚱뚱하게 만드는 나쁜 치킨이 된다.

"사장님! 튀김옷 최대한 얇게 부탁드려요!"

부끄러워하지 말고 당당히 요청하길 바란다. 자주 지나는 동선 안에 단골 치킨집 하나는 만들어 두면 좋다. 몇 번 다니다 보면 특별히 부딕하지 않아도 알아서 해 주신다. 식단별로 이렇게 단골집을 만들어 놓는다면 편하게 다이어트를

할 수 있다.

오직 치킨과 나 자신만이, 1 대 1로 마주 보고 있노라면 세상 근심, 외로움 따위는 없다. 거기에 맥주가 나와 친구가 되어 준다. 앞서 설명했듯 맥주와 체중 증가는 상관이 없다. 오히려 체온을 높여 주어 체중 감량에 도움이 된다. 다른 안주만 곁들이지 않는다면 맥주+단백질은 살찌는 조합이 아님을 다시 한번 강조한다. 하지만 건강을 위해 과음은 삼가야 함도 잊지 말자.

나는 치킨 한 마리를 온전히 혼자서 먹었다. 과탄단을 시작하면서 간식 없이 지내다 보니 끼니에 충실해야 했다. 그러다 보니 치킨을 누군가와 나눠 먹으면 배가 고팠다. 내 분량을 충분히 먹지 않으면, 먹지 말아야 할 음식에 손을 댈 가능성이 커진다. 그러므로 본인의 치킨은 본인이 사수해야 한다.

처음엔 치킨집에 혼자 들어가는 것도, 혼자 앉아서 한 마리를 뜯는 것도 창피했다. 하지만 지금은 당당하게 입장한다. 그 어떤 간식도 없이 4시간 공복을 견뎌 낸 후의 끼니는 너무나도 소중하다. 수시로 아무거나 입에 넣고 살던 때와는 그 가치가 다르다. 그래서 남들의 눈치 따위 볼 겨를이 없다. 가짜 배고픔이 아닌, 몸이 원하는 진정한 배고픔을 채울 수 있는 행복한 시간이기 때문이다.

골뱅이 무침이나 떡볶이 같은 사이드 메뉴의 유혹에만 넘어가지 않는다면 매일 치킨집에 도장을 찍어도 체중은 감량된다. 단순한 식사는 이렇게 강력한 효과가 있다. 한참 감량이 진행되던 무렵에는 치킨을 두 마리 먹은 다음 날에도 체중이 줄어서 놀란 적이 있다. 알고 보니 치킨을 먹으면 유독 감량이 잘된다는 사람은 나뿐만이 아니었다. 섞지 않는 식단의 위력은 이렇게 놀라웠다.

4. 분열된 조직을 위한 처방, 삼겹살

"회식이 많다 보니 다이어트를 할 수가 없어요."

"삼겹살에 소주 한잔하는 즐거움도 없이 무슨 재미로 살아요?"

한국 사람에게 삼겹살은 그냥 고기가 아니다. 특별한 이유 없이 만나고 싶을 때도 삼겹살이고, 여러 사람의 식성을 통일시키기 위해서도 삼겹살이다. 가족들이 오랜만에 얼굴을 맞대는 날에도 단연코 삼겹살이고, 열 받아서 소주 한잔 당기는 날에도 삼겹살이다. 누구와 먹어도 맛이 있네 없네 타박받을 일이 없어서 맘이 편하고, 어디서 먹어도 익숙한 편안함을 주는 것 또한 삼겹살이기 때문이다.

이런 우리에게 다이어트 때문에 삼겹살과 이별한다는 것은 상상조차 힘든 일이다. 설사 이별했다 치더라도 그 과정에 많은 고통과 번뇌가 따른다. 마치 수년을 사귀어 온 사내 커플이, 헤어진 후에도 같은 회사에서 얼굴 맞대고 일해야 하는 심경과 같다고나 할까? 매일 부딪혀야 하는 고통의 상황을 과연 얼마나 많은 사람이 이겨 낼 수 있을까? 삼겹살과의 이별은 이렇게나 힘든 것이다. 당연히 나도 과거엔 이겨 내지 못했다. 그래서 늘 실패했다.

어떻게든 극복해 보려고 애써 보기도 했다. 매해 다이어트 시작할 때가 되면 슬금슬금 사람을 피하고 자리를 가렸다. 같이 회식이라도 했다가는 또 실패할 게 뻔했기에 일찌감치 퇴근해 버리곤 했다. 하지만 그럴수록 나만 외로워질 뿐이었다. 결국엔 날씬해지지도 못한 채, 자발적으로 삼겹살과 사회적 합의를 해야 했다. 그런 슬픈 경험만으로 가득 차 있는 나에게 삼겹살에 맥주, 소주를 먹어 가면서 다이어트를 할 수 있는 방법이란, 마치 로또 당첨 번호를 미리 알게 된 것

과 같은 큰 기쁨이었다.

과탄단 다이어트 초기의 저녁 식사는 거의 삼겹살과 치킨이었다. 우유나 두부 따위의 헛헛한 단백질에 내 소중한 저녁 한 끼를 양보할 맘이 전혀 없었다. 월, 화, 수, 목, 금, 토, 일, 7일 중 4일은 삼겹살이고 3일은 치킨이었다. 적게 먹어야 한다는 거짓 이론의 굴레 속에서 늘 배고팠던 그동안의 밤들을 위로받아야 했다. 눈물이 날 지경이었다. 이 자리를 빌려 나로 인해 희생당한 무수한 소, 돼지와 닭에게 깊은 감사와 애도를 전하는 바이다.

사람들은 스트레스를 많이 받으면 자극적인 음식을 원한다. 특히 나를 포함한 많은 여성이 생리 전 스트레스 해소 수단으로 폭식을 한다. 선택 메뉴는 기름지고 맵고 짜고 달콤한 것이어야 했다. 그래야만 무언가 제대로 해소되는 듯한 기분이 들기 때문이다.

'오늘 아주 그냥 나한테 걸리기만 해 봐라.'

이 불편한 마음을 해소하기 위한 유일한 방법은 가까운 편의점으로 뛰어가는 것뿐이었다. 그때의 나를 떠올려 보자면 마치 편의점을 터는 강도 같았달까. 진열대의 과자며 즉석식품들을 마구잡이로 바구니에 쓸어 담는 내 모습이란 무시무시하기 짝이 없을 정도였다. 강도와 나의 차이라면 단지 돈을 지불했느냐 안 했느냐의 차이였을 뿐. 편의점 군것질거리들로 이 비참한 인질극이 끝나 준다면 그나마 다행이다.

어떤 날은 집에 도착하기도 전에 미리 배달 음식을 주르륵 주문해 놓기도 했다. 식탁 위에 떡볶이, 짜장면, 치킨을 주르륵 깔아 놓고 마구 먹었다. 그로 인해 생겨나는 건 또 한 번의 다이어트 실패 이력일 뿐인 걸 알면서도 도저히 멈출 수가 없었다.

과탄단 초기에는 삼겹살 한 근을 혼자 먹기도 했다. 그래도 배가 고팠다. 가공되지 않은 순수한 음식은 몸에 흡수되기까지 많은 시간이 걸린다. 그만큼 포만감도 더디게 느낀다. 한 줄을 먹든 한 근을 먹든 흡수율은 같다. 몸은 필요한 만큼만 흡수하고 나머지는 배출시켜 버린다. 그러므로 살이 찔까 두려워서 적게 먹을 필요가 없다.

쌈 채소와 재래된장, 매콤한 청양고추를 곁들여서 배불리 먹고, 맥주, 소주도 맘 편히 즐겨도 된다. 다만 저녁 식사 후 4시간이 지나고서 취침해야 한다는 규칙을 잘 지켜야 한다. 이렇게 육류식단이 쉴 새 없이 이어졌어도 나의 체중은 지속적으로 감량되었다.

5. 한 달 지속했다면 이미 성공

다이어트를 해 본 사람이라면 다음과 같은 이유로 포기했던 경험이 있을 것이다.

"배고파서 도저히 못 하겠어요."

"탄수화물 중독이라 자신이 없어요."

"고기를 안 먹고는 못 버텨요."

"퇴근하고 맥주 한잔하는 낙 없이 무슨 재미로 살아요?"

다이어트를 실패로 몰고 갔던 이 모든 원인을 과탄단으로 해결할 수 있다. 하지만 단 한 가지 문제가 있다. 그것은 욕심이다. 인간의 욕심은 끝이 없다는 것이 유일한 문제이다. 그동안의 실패 원인이 이렇게 모두 해소되었음에도 불구하고, 어느새 불평불만이 생겨난다.

나 역시도 그랬다. 떡볶이가 먹고 싶다는 이유로 도중에 옆길로 샌 적도 있다. 하지만 떡볶이를 실컷 먹을 수 있는 다이어트가 있다고 해도, 또 다른 이유로 불평을 했을 것이다. 이렇게 끝이 없는 것이 인간의 욕심이다. 그러든지 말든지 인간이라는 종족이 원래 그렇게 생겨 먹었다는 것을 인정해 버리자. 비뚤어진 욕심을 채우는 방법은 비뚤어진 식단일 뿐이다. 그리고 결과는 비뚤어진 건강과 뚱뚱한 몸이라는 것을 잊지 말자.

우리는 굶고 싶지 않은 사람들이다. 고기도 맥주도 빵도 과일도 실컷 먹으며 날씬해지는 방법을 찾아 헤매던 사람들 아니던가? 결국엔 꿈에 그리던 그 방법을 찾아냈고, 이제 식단 내에서 행복을 추구하면 날씬해질 수 있다. 아침마다 내 맘 같지 않은 체중 때문에 나를 들볶을 필요가 없다. 체중계가 뭐라 하든 흔들리지 말고, 한 달만 해 보라고 감히 제인하고 싶다. 반드시 헐렁해진 옷이 나를 기다리고 있을 것이다.

나의 경우가 그랬다.

체중계 바늘이 어느 순간부터 꿈쩍하질 않았다. 체중계 앞에 서면 언제나 기대가 있었지만 나의 체중계는 그런 기대 따위엔 아랑곳하지 않는 냉정한 성격인 듯했다.

한 달 전에 사 놓았던 원피스를 입어 보았다. 살 때만 해도 가슴이 어찌나 꽉 끼던지, 옷 가게 직원이 '다음에 사셔도 된다.'라며 한사코 나의 지출을 말리기까지 했던 옷이었다. 물론 내가 그걸 모르고 구입한 것은 아니다. 체중과 함께 정체기에 돌입한 나의 다이어트 의지를 어떻게든 살려 보려면 뭐라도 필요했다.

공부에만 동기부여가 필요한 게 아니다. 다이어트야말로 동기부여가 제대로 필요한 종목이다. 지속하기 위해서, 작은 목표를 매일 달성해 나가기 위해서는 작은 기쁨이 있어야 했다. 과소비에 대한 핑계일 수도 있지만, 그때의 나에게는 꼭 필요한 도구였다. 조심스럽게 원피스에 두 다리를 넣었다. 이어서 팔도 하나씩 차례차례 넣어 보았다. 안도의 한숨이 나왔다. 다리도 팔도 무사히 들어가는 것을 확인한 후, 등 뒤의 지퍼를 올렸다.

'스르륵'

지퍼는 웬일로 목덜미 끝까지 부드럽게 올라가 줬다. 체중계만 내 맘을 몰라 줬을 뿐, 몸의 사이즈는 쉬지 않고 줄고 있었다. 예전의 나였다면 체중에 집착한 나머지 진즉에 때려치웠을 것이다. 하지만 정체기마다 옷을 통해 날씬해지고 있다는 것을 확인하면서, 체중에 일희일비하지 않게 되었다.

특히나 여성들은 생리 때가 되면 부기가 상당하다. 게다가 호르몬의 변화로 일시적으로 체중도 증가한다. 그 외 염분 섭취가 과다한 다음 날, 또는 알 수 없는 컨디션의 변화에 따라서도 비슷한 증상이 생긴다. 그러므로 이 변덕스러운 날씨와 같은 체중에 일희일비하지 말자. 체중도 중요하지만 사이즈에 비중을 두며 다이어트를 이어 가야 한다. 체중계에 매일 오르며 자신을 흔들 필요가 없다.

한 달을 지속했다면 절반은 성공이다. 발사가 불안했던 우주선이 어느덧 궤도를 찾아 우주 정거장에 착륙하듯, 한 달간의 식단 실천으로 당신의 다이어트도 안정적인 궤도에 들어선다. 게다가 세상에 떠도는 상식들이 모두 진실이 아니라는 사실도 몸의 변화를 경험하며 충분히 깨달을 수 있는 기간이다.

그 깨달음은 향후 나의 지갑을 지켜 주는 경호원이 된다. 그 누구의 감언이설에도 지갑을 호락호락 여는 일은 생길 일이 없기 때문이다. 나는 지금도 홈쇼핑 채널을 즐겨 보긴 하

지만, 예전처럼 이것저것 사다 나르는 일은 없다. 그러다 보니 "철들었네."라는 칭찬까지 듣곤 한다. 발언자가 하필 아직 청소년인 내 딸이라는 것이 흠이긴 하지만 말이다.

한 달을 지속한 후 100일이 될 때까지 철저히 과탄단 식단을 이어 간다면 반드시 감량이 가능하다. 다이어트 경험 횟수에 따라 감량 속도와 수치의 차이는 있을 수 있다.

그래서 좌절했냐고? 천만의 말씀. 나는 감사하고 행복했다. 굶는 고통 없이, 어디서든 누굴 만나든 배불리 먹어 가며 감량할 수 있었기에 과거의 다이어트에 비하면 수월했다고 생각한다. 88 사이즈를 넘보던 내 몸이, 이젠 55 사이즈를 편안히 입게 되었다. 과탄단을 거쳐 추가 2개의 강력한 식단을 통해 최종적으로 10kg을 감량했다. 그 어떤 약물에 의지하지 않고, 자연의 음식을 배불리 먹어 가며 내 힘으로 감량했다는 사실이 나를 행복하게 했다.

가공 식품을 매일 먹으면 생기는 일-<슈퍼 사이즈 미>

"한 달 내내 패스트푸드만 먹고 살면 몸이 어떻게 될까?"라는 질문을 시작으로 만들어진 영화가 있다. 모건 스펄록 감독의 <슈퍼 사이즈 미>(2004년)이다.

영화의 감독 겸 주인공인 스펄록은 자신의 몸에 직접 실험을 했다. 한 달 내내 패스트푸드를 먹으며, 그것이 건강에 미치는 영향을 다큐멘터리 영화로 만든 것이다. 그는 30일 동안 패스트푸드점의 메뉴만 먹고 마시며 다른 음식은 물 한 방울조차 마시지 않았다.

그 결과, 한 달 사이 몸무게는 85kg에서 109kg으로 총 24kg 늘었고 콜레스테롤은 65까지 상승했으며, 체지방률은 11%에서 18%로 증가했다. 심장병 위험은 2배 증가했고 스트레스와 탈진, 두통 횟수가 많아졌다. 놀라운 것은 그가 한 달 사이 섭취한 설탕의 양이다. 그는 총 13kg의 설탕을 먹은 셈인데 그것은 8년 동안 먹을 영양분의 양이었다!

제5장

무소의 다이어터처럼 혼자서 가라

1. 동물에게 배우자

야생의 동물들은 욕심을 부리지 않는다. 한 번에 한 가지만으로 배불리 먹으며 식사를 마친다. 육식동물인 사자, 호랑이도 초식동물인 얼룩말, 기린도 그렇다. 자신을 지킬 수 있는 것은 오로지 자신뿐이라는 것을 그들은 알고 있다. 그래서 꼭 필요한 만큼, 꼭 필요한 영양분이 들어 있는 것만을 찾아 충분히 먹는다. 먹고 싶을 때만 먹고, 멈추어야 할 때 멈

춘다. 그것만이 의지할 곳 없는 대자연에서 자신을 지키고, 종족을 번식시킬 수 있는 유일한 방법이라는 것을 살아남으며 터득한 것이다.

집에서 키우는 반려견, 반려묘만 보아도 알 수 있다. 몸에 이상이 있을 때는 과감히 금식을 선택한다. 제아무리 맛있는 간식을 들이밀어도 전혀 꿈쩍하지 않는다.

반면 인간은 멈추지 못한다. 이렇게 마구 먹고 산다면 자신을 헤친다는 걸 알면서도 멈춤을 선택하지 않는다. 필요한 양보다 더 많이 먹고, 거기에 불필요한 간식과 디저트까지 먹는다. 게다가 먹어야 할 때 먹지 않고, 멈춰야 할 때 멈추지 않는다. 스트레스 때문에 먹고, 기뻐서 먹고, 슬퍼서 먹는다. 그러고는 멈추지 못한 자신을 탓하며 후회의 한숨을 쉰다.

이런 악순환을 반복하며 자신을 슬픔에 빠뜨린다. 만물을 만들어 내고 만물을 도구로 삼으며 살면서도 정작 자신의 식욕은 제대로 다스리질 못하는 미완의 존재가 인간이다. 그 때문에 동물보다 훨씬 더 많은 질병에 시달리다가 생을 마감한다.

하지만 인간의 곁에서 '반려동물'이라는 역할을 하는 강아지 고양이에게도 인간과 같은 현상이 생기는 것은 왜일까? 다른 동물들에게는 찾아볼 수 없는 각종 질병이, 이들에게만

계속 생겨나는 이유가 무엇이냔 말이다. 혹시 그 이유가 인간의 식생활과 닮아 가기 때문은 아닐까?

기업은 사람의 음식이든 동물의 음식이든 가리지 않고 각종 식품 첨가물을 사용한다. 더 끌리는 맛, 더 오래 보존하는 법을 찾아야만 이익을 많이 창출해 낼 수 있기 때문이다. 자본주의의 논리상 당연한 것이다. 그런 이유로 새로운 첨가물의 개발을 멈출 수 없다. 조금 더 맛있게, 조금 더 오래 보관할 수 있도록 만들어야 한다.

그 결과로 인간은 항상 새로운 맛을 찾게 되었고, 기업은 쉬지 않고 새로운 자극을 만들어 낸다. 이젠 서로가 망가진 굴레를 벗어날 수 없는 관계가 되어 버린 것이다. 이로 인해 우리의 식욕은 혼란스러워졌다. 유통의 편의를 위해 원재료의 이로운 수분은 제거해 버린 채, 그 자리에 첨가물을 채워 넣은 가공식품 때문이다.

이런 가짜 음식으로는 식욕이 제대로 채워지지 않는다. 그로 인해 식욕은 진짜 음식을 내놓으라고 계속 아우성친다. 결국 가짜 음식으로 화가 난 우리의 식욕은 몸과 마음을 인질로 삼아 폭식으로 횡포를 부린다. 이것이 먹어도 먹어도 채워지지 않는 허기짐의 이유이다.

그런 부정적인 현상이 가공 사료와 간식으로 길러지는

사랑스러운 반려동물에게도 생기기 시작했다. 강아지 고양이도 비만에 시달리게 되었으며 각종 종양과 피부병, 심지어는 암에 이르기까지 인간 못지않은 다양한 질병으로 생을 마감하고 있다. 이로 인해 동물병원은 대형화되는 추세이고, 이제는 반려동물 질병 보험도 생긴 상황이다. 이런 상황을 동물의 탓으로 돌릴 수 있을까?

소금과 후추만으로도 맛있게 먹을 수 있지만, 각종 소스를 뿌려야만 직성이 풀린다. 밀가루에 소금과 이스트만 넣어도 맛있는 빵이 될 수 있음에도 불구하고, 크림과 설탕, 버터와 치즈 등이 뒤범벅되어야만 제대로 만든 빵이라며 추켜세운다. 뭐든지 어제보다 더 맛있게, 더 새롭게 먹어야 한다는 강박이 생겨 버린 탓이다. 새로운 정보, 새로운 지식은 시대의 흐름에 따라 자연스럽게 생겨나고 없어진다. 그것을 만드는 것도 인간이다. 작은 소망을 위해 기적과도 같은 대단한 일을 이루는 것도 인간이며, 작은 욕심을 채우기 위해 큰 실수를 저지르는 것도 인간이다. 혹시 그 실수가 지금의 가공식품인 것은 아닐까?

내 몸으로 직접 체험하고, 여러 사람의 건강한 감량 결과를 지켜보면서 깨달았다. 자연 그대로의 음식들은 누구도 해치지 않는다는 것을 말이다. 게다가 인간을 비롯한 모든 동

식물은 서로 유기적으로 상부상조하기 위해 생겨난 소중한 존재들이며, 인간도 그 일부에 지나지 않는다는 당연한 사실을 과탄단을 통해 온몸으로 느꼈다.

배설물은 흙으로 돌아가면 소중한 거름이 되어 주며, 나무는 그로 인해 싱싱한 열매를 맺는다. 이 아름다운 순환을 오랫동안 이어가야만 인간도 건강을 유지할 수 있다. 하지만 얕은 이익을 위해 그 고리를 끊어 내고 있는 것은 지구상 동식물 중 인간이 유일하다. 비만은 그 대가의 일부일 뿐.

2. 탄수화물은 죄가 없다

TV, 신문, 홈쇼핑 등 각종 매체에서 매일같이 떠들어 대듯 탄수화물이 비만의 주범이라 치자. 그렇다면 구황작물로 연명을 해 온 우리 조상님들은 100kg쯤은 거뜬히 넘었어야 하는 게 아닐까? 그 시절에 배불리 먹을 수 있었던 거라고는 감자, 고구마, 옥수수 등 탄수화물이 대부분이었던 그들은 비만으로 생을 달리했어야 앞뒤가 맞는 거 아니냐 이거다.

체중 감량을 위해 경계해야 하는 탄수화물은 따로 있다. 순수한 탄수화물이 아닌 단백질과 지방 그리고 각종 첨가물이 섞여 있는 탄수화물이다. 식품기업의 생산 공장을 거쳐 만들어진 가공된 탄수화물이 여기에 속한다. 과자, 크림빵, 시리얼, 라면, 만두 등 나열하기도 힘들 정도로 많은 가공 탄수화물은 우리를 뚱뚱하게 한다.

물론 이것저것 섞어서 만든 음식은 맛있다. 지속적인 구매가 이뤄지도록 자극적인 맛으로 치밀하게 설계되었기 때문이다. 요즘 유행하는 만두를 보면 알 수 있다. 육즙 함량을 높이기 위해 가공된 지방을 더 첨가하고, 빨리 부패하는 것을 방지하고자 첨가물 함량도 높인다. 첫입에 짭짤함이 혀에 꽂히도록 나트륨 함량을 높이는 것은 필수이다. 이 모든 작업은 오직 맛과 이익을 위한 과정이다. 그로 인해 가공식품들의 나트륨 함량은 갈수록 높아져만 간다.

실제로 나는 나트륨 함량이 60%가 넘는 안주 간편식을 먹었던 적이 있다. 이 제품을 섭취 후, 평소 느껴 본 적 없는 온몸의 부기를 경험했다. 이런 말도 안 되는 것을 식품이라고 내놓은 대기업에 화가 났다. 그 이유도 궁금했다. 고객센터에 연락하여 개발자와의 통화를 요청했지만, 이런저런 이유로 그들은 나를 피했다. 그러더니 대뜸 환불을 제안해 왔다.

그들의 제안은 마치 '떳떳하게 설명할 수 없는 음식'이라는 의미처럼 느껴졌다.

살을 찌우는 나쁜 탄수화물은 '정제 탄수화물'이라 불리는 것들이다. 유통하기 쉽게 잘게 썰고 으깨어 여러 첨가물을 넣는 가공 과정을 통해 먹기 편하게 만들어 놓은 것들이 이에 해당한다. 여기에 설탕과 지방, 각종 첨가물이 들어가면서 제대로 '나쁜 탄수화물'로 변신하는 것이다. 이런 음식들은 흡수가 빠르고 혈당을 높이며 독소와 노폐물을 만들어 낸다. 그 결과가 비만이다.

착한 탄수화물은 그것과 반대되는 식품을 떠올리면 된다. 정제 과정을 거치지 않은 식이섬유가 풍부한 감자, 옥수수, 현미, 밀, 보리, 단호박이 여기에 해당한다. 이런 식품은 충분한 에너지원이 되어 주면서도 흡수는 더뎌 다이어트를 수월하게 하도록 도와준다. 배불리 먹었다고 해서 뚱뚱해지지 않는다. 먹고 싶은 만큼 마음껏 먹으면 된다. 다만 앞서 말했듯이 단백질이나 지방류의 음식들과 섞어 먹는 순간 흡수율이 높아지므로 체중 감량이 더뎌짐을 잊지 말길 바란다.

마치 하나의 도미노가 쓰러지면 너도나도 쓰러지듯이, 요즘 전문가라는 사람들도 도미노 속 힘없는 한 조각이 되어 버린 것 같아 씁쓸하다. 그렇다고 해서 그들에게 모든 탓

을 돌리고 싶지 않다. 세상이 온통 탄수화물을 주범으로 몰고 있는데, 그들이라고 별수 없었을 것이다. '아니요'라고 말하는 순간, 비난의 손가락이 그들에게 향하는 무서운 상황이 올 수도 있으니 말이다. 생계를 책임져야 하는 어느 집의 소중한 가장일 수 있는 그들에게 불필요한 용기를 내길 바라는 건 지나친 욕심이지 싶다.

가짜 휘발유는 자동차를 망가뜨린다. 가짜 탄수화물도 내 몸을 망가뜨린다. 순도 100%의 탄수화물이 무엇인지를 찾아 나서야 한다. 많이 찾아낼수록, 힘 있는 다이어트를 할 수 있으며, 수월하게 날씬해진다.

3. 과일도 죄가 없다

과일 역시 탄수화물만큼 억울한 누명을 쓰는 존재이다. 유명 대학에서 학위도 받고 연구도 많이 했다는 전문가조차 '과일의 당 = 설탕의 당'이라는 공식을 내세우니 말이다. 과일도 비만의 주범이라며 설탕처럼 취급한다. 하지만 그것이 사실이있다면 내가 10kg이나 감량할 수 있었을까? 그들의 논리가 진실이라면, 나는 과탄단을 시작한 지 일주일이 채 되기도 전에 체중이 증가하고 옷이 작아졌어야 정상이다.

과일 속의 당분과 풍부한 수분에는 우리 몸속의 노폐물과 독성을 배출시키는 역할을 하는 각종 영양소가 많이 들어 있다. 나는 살이 찔까 두려워 과일을 입에 대지도 않던 때와는 다르게 과일을 충분히 섭취한 후부터 상체 비만이라는 태생적 불만이 해소되기 시작했다. 지금도 아침마다 많은 양의 과일을 섭취하면서 체중을 유지하고 있으며, 주기적으로 받는 건강검진도 무사통과했다. 물론 이 사실은 단지 내가 운이 좋아서, 내 체질에 유독 잘 맞아서 생긴 결과가 아니다. 나와 같은 과탄단 식단으로 체중 감량에 성공한 많은 사람 역시 동일한 결과였다.

오해의 공식 탄수화물 = 비만

과일 = 설탕

과탄단의 공식 탄수화물 = 포만감, 에너지, 감정 조절

과일 = 독성 제거, 노폐물 배출, 유익한 영양 공급

물보다 훨씬 더 이로운 수분을 제공해 주는 것이 과일이라는 하비 다이아몬드 박사의 이론에 나 역시 절대적으로 동

의한다. 세포가 원하는 영양소를 고르게 갖추고 있으며, 게다가 몸속을 통과하면서 많은 독소와 노폐물을 제거해 준다는 그 이론을 내 몸을 통해 직접 경험해 보니 틀림이 없었다. 실제로 놀랐던 것은 과일을 섭취했을 때와, 같은 양의 물을 마셨을 때의 소변량 차이였다. 과일을 섭취했을 때 훨씬 더 많은 소변이 배출됐다. 과일이 몸속 독소와 노폐물을 끌고 나오면서 실제 섭취한 수분보다 훨씬 더 많은 양을 소변으로 배출시켜 준다는 이론을 직접 경험했다. 물은 수분을 제공하는 것이 전부라면, 과일은 그보다 훨씬 더 이롭고 다양한 역할을 하는 것이 틀림없다는 생각이 들었다.

과일이 혈당을 높인다는 오해에 대해서도 말해 보고 싶다. 나의 평소 혈당은 감량 전에도 안정적이어서 그 어떤 검진에서도 문제가 된 적이 없었다. 하지만 많은 사람이 '혈당 관리하는 사람들은 과일을 기피해야 한다'고들 오해하고 있을 정도로 과일은 혈당에 악영향을 미치는 존재라고 인식되고 있었다. 나 역시도 과거엔 같은 생각이었다. 하지만 매일 과일을 섭취해도, 나의 혈당 수치는 한 번도 요동친 적이 없었다. 언제나처럼 안정적이었다.

하지만 유일한 예외는 있었다. 고기, 탄수화물을 실컷 먹은 후, 후식으로 과일을 섭취했을 때는 혈당이 올랐다. 그러고는 다음 날 어김없이 체중 증가로 이어졌다. 과일의 당분과 여러 음식이 뒤섞이면 지방으로 저장되기 쉽고, 부패하기 쉬운 상태가 되며 그로 인해 독소가 생기기 때문이다. 그것이 비만을 부르고, 결국엔 혈당을 높이는 결과를 초래하는 것이다. 하지만 과일을 단독으로 섭취할 때는 전혀 문제가 되지 않았다. 고기도 탄수화물도 할 수 없는 독소와 노폐물 제거를 해 주는 소중한 존재는 수분이 가득한 과일과 채소뿐이라는 것을 내 몸으로 느낄 수 있었다.

농경사회가 되기 전의 인류는, 때가 되면 저절로 열리는 과일과 약간의 육식으로만 생명을 유지해 왔다. 벼농사도, 밀 농사도 없던 시절에 그들이 먹을 수 있었던 것은 그 두 가지뿐이다. 하지만 인류는 그 어떤 성인병도 없이 무사히 생존했다. 과일이 너무 달콤해서 마치 설탕처럼 우리를 해롭게 하지 않을까 겁먹은 많은 사람들에게 이 말만은 꼭 전하고 싶다. 나는 매일 아침 실컷 먹고도 감량에 성공했으며 건강하게 살아 있다고. 물론 생존자는 나뿐만이 아니라고.

4. 고기도 죄가 없다

육류 섭취를 제한하는 자연식물식의 하비 다이아몬드 박사의 이론이 맞는다고 맞장구치고 고기는 왜 먹냐고 따지는 사람이 있을 것 같다. 맞는 말이다. 그의 이론대로라면 고기는 썩은 시체에 불과하다. 하지만 우리는 고기보다 더 나쁜 음식들로 몸을 채워 왔다. 썩은 고기에 첨가물을 들이부은 통조림 햄을 따끈한 흰쌀밥에 얹어 배도 채우고 영혼도 채웠다. 그 햄 한 통이면 온 가족이 엄지를 치켜세우며 간편하게 행복한 식사를 마쳤다.

그뿐인가? 소고기, 닭고기, 돼지고기를 갈아서 빵가루와 지방으로 뒤범벅한 햄버거도 자주 먹었다. 그렇게 길든 입맛을 하루아침에 바꾼다는 것은 쉽지 않다. 아니, 어렵다. 수도 없이 실패한 다이어트들을 떠올려 본다면 이해가 쉬울 것이다. 그것들과 아무런 준비 없이 이별을 선언했다가는 오히려 다이어트와 이별하게 될 것이다. 내 슬픈 과거처럼 말이다.

난 고기를 택했다. 하지만 소시지, 햄은 끊었다. 굽거나 삶거나, 최소한의 반죽으로 튀긴 치킨은 먹었다. 하지만 닭고기를 갈아 만든 너겟은 끊었다. 구구단을 외우지 못한 수준에 미분, 적분을 풀어낼 수 없다. 서서히 단계적으로 접근해야, 확신이 생겼을 때 과감한 판단을 내릴 수 있다. 당장 '채식을 하자, 고기를 끊자' 같은 어려운 장애물을 내 앞에 갖다 놓지 말아야 한다. 일단 대체 가능한 방법으로 먼저 실천하고 그것을 성공한 후에 해도 전혀 늦지 않다.

나 역시도 다이어트를 선언하고 고기를 끊었을 때보다, 과탄단을 하면서 고기를 실컷 먹었을 때가 훨씬 효과적인 결과를 주었다. 세상의 전문가들이 제시했던 온갖 방법으로도 해결되지 않았던 내 다이어트는, 고기 덕분에 흔들리지 않을 수 있었다. 여기에는 고지방식의 경험이 큰 역할을 했다. '고기를 많이 먹는 것과 살이 찌는 것은 연관이 없다'는 것이 고지방식과 과탄단의 교집합이었다.

게다가 두 방법 모두 '섞어 먹지 않는다'는 제1원칙도 동일했다. 웬일로 실패가 인생에 도움이 된 듯한 느낌이었다. 매번 나를 괴롭히고 일어서지 못하게 만들기도 했지만, 시간이 흐르고 제대로 된 방법을 찾았을 때는 '경험'이라는 자산이 되어 주었다. 이래서 헛된 시간은 없다는 것인가!

고지방식을 하던 때에 하루 세끼를 꼬박 고기로 먹어도 체중은 증가하지 않았다. 어제보다 더욱 기름지게 먹었어도 한동안 체중 감량은 지속됐다. 세상에서 경고한 것과는 반대의 결과에 무척 어리둥절했지만 그래도 고지방식은 고마운 존재였다. 음식만으로도 체중을 감량할 수 있다는 희망을 주었기 때문이다. 그 경험 덕에, 한참 나중에 만난 과탄단 다이어트에도 신속하게 매진할 수 있었다.

그렇다고 해도 고지방식을 추천할 생각은 없다. 그 이유는 간단하다. 어차피 살이 빠지는 방법이라면 고기만 먹는 것보다, 제철의 산해진미를 먹어 가면서 하는 것이 수월하기 때문이다. 게다가 누구에게나 유리하다. 계절마다 자연은 맛있는 선물을 준다. 달콤한 열매, 신선한 채소와 곡식, 그리고 싱

싱한 해산물들. 이 혜택을 굳이 마다하며 고기만 고집할 필요가 있을까? 이것들을 실컷 먹어도 살은 빠지는데 말이다.

고지방식이 처음 등장했을 때 세상은 시끄러웠다. 특히 의사마다 의견이 분분했는데, 대부분의 의사가 고지방식을 반대했다. 한동안 의사 단체에서는 고지방식의 위험을 경고하며 반대 성명을 발표하느라 바빴고, 이로 인해 찬성하는 의사는 이단아 취급을 받는 분위기였다. 찬성하는 쪽은 당연히 고지방식으로 체중 감량에 성공한 의사들이었다.

하지만 시간이 흐르고 고지방식 성공 사례가 쌓여 가자, 이제는 하나의 방법으로 자리 잡았다. 의사도 성공했다고 하고, 그 의사가 환자들에게 고지방식을 추천하니 사람들의 신뢰는 급속도로 높아졌다. 그리고 사람들은 다양한 방법으로 다이어트를 성공시켜 가고 있다.

인류의 건강을 위해 의학 발전에 힘을 쏟는 의학자 여러분께 감사하는 마음은 변함이 없다. 하지만 천차만별의 체질에 맞는 '만능열쇠 찾기'를 그들에게만 의지할 수도 없다. 새로운 이론이 등장할 때마다 나를 실험 대상으로 삼을 수 없지 않은가? 그래서 내 몸을 가장 잘 아는 사람은 나 자신이 되어야 한다.

육식과 채식의 전쟁

다이어트의 종류는 헤아릴 수 없이 많다. 매년 새로운 다이어트 법이 쏟아져 나온다고 해도 과언이 아닐 것이다. 한 TV 방송사에서 채소나 곡물 없이 완전히 육식만 하는 카니보어와 고기나 생선 없이 완전히 채식만 하는 비건, 두 가지 식이요법으로 실험을 했다. 체질이 흡사한 쌍둥이 형제에게 각각 4주간 육식과 채식 식사를 실시했고 의사 2명에게도 동일한 실험을 했다.

실험 결과 쌍둥이 중 육식 체험자의 체중 감량은 채식 체험자보다 컸으나 건강지표가 나빠진 반면, 의사 중 육식 체험자의 경우는 감량도 크고 건강지표도 좋아지는 결과가 발생했다. 두 그룹 모두 음식의 양에는 제한이 없었다. 다만 두 집단 모두 가공식품의 섭취를 금지하고 육식이든 채식이든 모두 자연식품으로 섭취하게 했다. 중요한 것은 육식이냐 채식이냐가 아니었던 것이다.

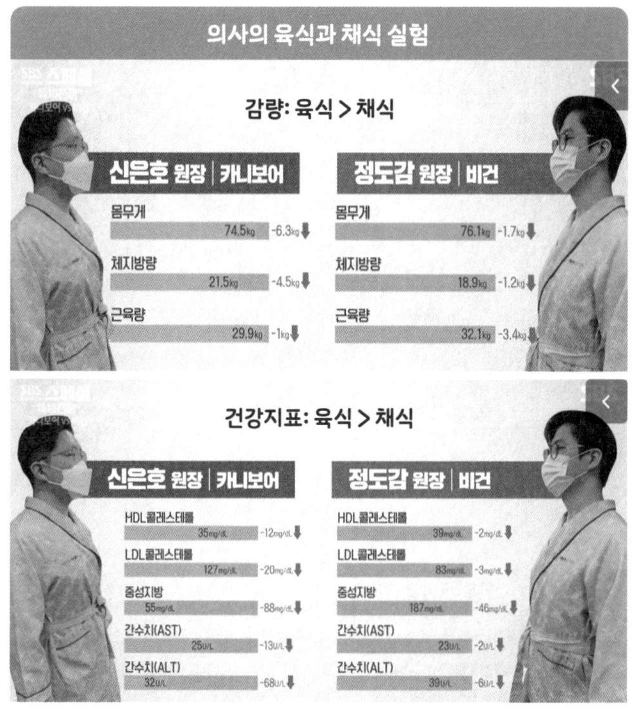

(출처: 〈SBS 스페셜〉, '밥상 위의 소리 없는 전쟁, 육식 VS 채식')

5. 먹지 말아야 할 것, 하지 말아야 할 것

먹는 양을 제한하지 않는 대신 꼭 지켜야 할 것도 있다. 세상만사 무얼 하든 마찬가지겠지만 다 가질 수는 없는 법이다. 하나를 얻으면 다른 하나는 내어 줘야 하는 것이 다이어트에도 당연히 적용된다. 하지만 미리 겁먹을 필요는 없다. 기존의 다이어트에 비하면 까다롭지 않다. 지긋지긋한 칼로리 계산으로부터 해방될 수 있고, 원하는 만큼 배불리 먹고도 감량된다는 사실과 충분히 맞바꿀 만한 조건이므로 안심해도 된다.

먹지 말아야 할 것

- 견과류, 씨앗류, 참깨, 들깨, 참기름, 들기름: 식물성 지방이므로 탄수화물이나 단백질 식단에 섞으면 감량 효과 떨어짐
- 밤, 아보카도, 바나나, 고구마: 녹말과 당분 함량이 높아 흡수율을 높이며 변비를 유발함
- 감: 변비 유발
- 콩가루, 미숫가루, 단백질 등의 가루 식품: 가공을 거치며 수분과 섬유소가 제거된 정제 식품이므로 흡수율을 높임
- 무: 소화를 돕고 흡수력을 강화시키므로 체질 개선에 도움이 안 됨
- 인삼, 한약재: 흡수력을 강화시킴

하지 말아야 할 것

- 매일 체중 측정하기 금지(요일, 시간을 정해서 일주일에 한 번만 측정)
- 가공 소스 및 가공 조미료 첨가 금지: 설탕과 첨가물로 인해

독소가 쌓이고 지방이 쌓이게 되어 체중을 증가시킴

• 졸음, 낮잠 금지: 지방이 저장되어 체중 감량이 더뎌짐

허용되는 것

• 주류: 맥주, 소주, 위스키, 보드카, 데킬라
  단, 과실주 및 곡물주는 금지(와인, 샴페인, 포도주, 막걸리)
• 간식: 다시마, 커피, 잎 차
• 점심, 저녁 식사 및 식간에 언제든 섭취 가능. 단, 주류는 건강을 위해 과음 주의

운동

• 하루 40분 유산소 운동
  ex: 러닝머신, 빠른 걸음의 산책, 에어로빅 등 체내의 열을 발산시키는 운동을 권장함
• 부위별 스트레칭 & 근력 체조
  ex: 0.5kg 덤벨을 활용한 반복적 근력 운동 및 문제 부위 스트레칭
• 수영 금지: 체온을 떨어뜨려로 체중 감량에 도움이 되지 않음

기타

- 과탄단 다이어트 시작 전 반드시 가족 및 연인에게 양해 구하기: 기존의 다이어트 상식에 얽매여 있으므로 함께 식사 시 분쟁 소지가 됨
- 주변인을 설득하기보다는 최대한 본인의 식단을 사전에 철저히 준비하는 것이 유리함

위의 내용만 지켜 나간다면 누구나 체중을 감량할 수 있다. 그리고 '철저히 지켜야만 감량이 된다'는 것을 명심한다. 하지만 혹여 지키지 못한 날이 있더라도, 그것을 실패라고 단정 짓지 말길 바란다. 오늘 부족했던 만큼, 내일 더 철저히 시도한다는 마음으로 지속하면 된다. 괜한 자책감으로 포기할 필요가 없다. 멈추지만 않는다면 반드시 성공이 보장된다. 내가 그랬다.

가족들과의 캠핑에서 가공식품을 왕창 먹어 버린 날도 있었고, 친구들과의 술자리가 길어지면서 새벽 늦게까지 온갖 안주를 다 먹어 버린 적도 있었다. 물론 다음 날의 기분은 처참하다. 또 실패한 건가 싶어서 지레 겁먹고 포기하려고 했다. 하지만 오늘 포기한다고 해서 내일 더 나아질 리 없다. 실수는 그 자리에서 털어 버리고, 다시 원래의 식단으로 돌아오면 된다. 잠시 넘어졌을 뿐이다.

과탄단은 단순히 체중 감량만을 위한 식단이 아니다. 일상을 건강하게 운용할 수 있도록 돕는 식단이다. 점차 입맛과 습관이 교정되면서 나를 뚱뚱하게 만들던 음식들과 자연스럽게 멀어지도록 하는 식단이다. 식욕을 폭발시키는 가공식품과 무분별하게 입속으로 집어넣었던 간식과도 힘들이지 않고 헤어지게 된다.

과탄단을 시작하고 처음 맛보았던 비빔밥의 맛은 환상 그 자체였다. 재래된장 한 숟갈과 생채소를 가득 넣었을 뿐인데 감탄스러웠다. 복잡한 양념 없이도 이렇게 맛있을 수 있다는 것을 모르고 살았다. 그동안의 비빔밥이란 참기름, 들기름, 고추장, 달걀 프라이, 심지어 캔 참치까지 털어 넣고 섞어야만 먹을 만한 비빔밥이 된다고 생각했다. 하지만 지금은 그렇지 않다. 재래된장 한 숟갈로 최고의 비빔밥을 배불리 먹으며 산다. 다이어트를 떠나서 꼭 한번 먹어 보길 바란다. '이렇게 맛있을 수 있단 말이야?'라며 본인의 혀를 의심하게 될 것이다.

TV, 요리책, 기타 여러 매체로부터 배운 요리법은 이제 더 이상 우리를 위한 방법이 아니다. 그들의 복잡한 이익 관계가 뒤얽혀 있기 때문이다. 요리방송은 PPL이라 불리는 간

접광고를 위해 대기업의 제품을 사용해야 하며, 그래야만 더 맛있게 먹을 수 있다고 시청자에게 주입한다. 가공이 최소화된 된장, 소금, 고춧가루, 간장만으로도 충분히 '맛있는 맛'을 낼 수 있지만, 지금의 요리 연구가는 더 이상 그것을 비법으로 다루지 않는다. 어제보다 더 맛있어지려면 자신의 얼굴이 새겨진 제품을 사용하라고 말한다. 얼굴이 조금 알려지는 순간, 이들은 홈쇼핑에 나와 조미료며 즉석조리식품을 팔기 바쁘다. 이제 요리 따위는 가르치지 않겠노라 마음먹은 듯이 말이다.

최고의 인테리어는 청소, 최고의 성형은 다이어트라는 말이 있다. 더러운 방에 새 가구를 들이고, 예쁜 커튼을 달아봐야 소용이 없다. 우선은 청소가 답이다. 독소와 노폐물이 가득한 몸에, 영양제를 종류별로 먹는다고 해서 건강해지지 않는다. 우리의 식사가 그렇다. 기본을 넘어선 필요 이상의 양념이 나를 살찌운다. 매일 억울한 식사가 될 뿐임을 잊지 말자.

6. 정체기와 유지기

정체기

마치 내 몸은 '뺏으려는 자와 뺏기지 않으려는 자'의 줄다리기 싸움을 하는 듯했다. 나는 빼기 위해 안간힘을 쓰지만, 몸은 잃지 않기 위해 안간힘을 썼다. 몸에게 지방이란 비상시를 위한 통장 같은 것인데, 자꾸 빼내려고 하니 위기라고 생각하는 것이다. 그래서 몸은 '졸아라, 달콤한 것을 먹어라.' 명령을 해 댄다. 이때 몸이 해 달라는 대로, 먹여 달라는 대로 하면 체중 감량은 더뎌진다. 그것이 정체기이다.

이 유혹을 견뎌야 감량에 속도가 붙는다. 아래의 정체기를 깨는 식단을 지속한다면 지난주에 작았던 옷이 이번 주에는 잘 맞는 결과와 마주할 수 있다. 체중에 변화가 없어도, 옷을 입을 때의 핏이 달라지고 있음을 실감하게 된다. 그로 인해 초조함과 불안함 그리고 체중계에 대한 원망도 날려 버리게 될 것이다.

그 어떤 다이어트라도 정체기는 있다. 식단도 운동도 변함없이 일정하게 지켜내고 있는데도 불구하고 체중이 감량되지 않는 회색의 구간이 반드시 찾아온다. 체중의 정체가 다이어트 실패를 의미하는 것이 절대 아님에도 불구하고 마음을 다스리지 못하고 주저앉는 경우가 많다. 이때 묵묵히 지속을 선택한다면 반드시 목표 체중을 달성할 수 있다. 주저앉고 나면 잠시나마 몸과 마음은 편할 수 있지만, 다시 일어서기까지는 더 큰 고통이 따른다. 그간의 수고를 보상받는 길은 오직 이 순간을 넘어서는 것, 그것뿐이다.

정체기 식단

- 섭취량 제한 없음

- 아침: 가급적 수분 함량이 많은 과일로 선택 (ex: 수박, 귤, 오렌지)
- 점심: 조리 과정이 최소화되거나, 염분이 낮은 식단으로 선택.

  ex: 칼국수→감자, 냉면→옥수수

  + 생채소 섭취량을 대폭 늘릴 것 (오이, 당근, 파프리카 등 수분 함량이 높은 것)
- 저녁: 달걀, 고기, 우유, 두부, 해산물 중 택1 하여 찌거나 굽는 방식으로 단순하게 조리

  + 생채소 섭취량을 대폭 늘릴 것 (오이, 당근, 파프리카 등 수분 함량이 높은 것)

※주 2회 이상의 우유, 계란과 같은 단순 식단은 체중 감량에 많은 도움이 됨

유지기

목표 체중에 도달 후부터는 그동안의 단조로운 식단에 서서히 변화를 주어, 그동안의 노고를 보상받을 수 있다. 하지만 급격한 변화는 요요를 불러오기에 반드시 다음 방법대로 서서히 몸을 적응시키도록 해야만 한다. 이 과정을 제대로 지키지 않고, 일반식을 무분별하게 섭취하게 되면, 흡수력이 높아지면서 감량 이전으로 금세 원상 복귀된다. 몸이 적응

할 수 있도록 시간을 주면서 서서히 식단을 완화해야만, 체중을 유지할 수 있다.

- 아침: 과일을 2~3종 섞어 먹기 (굳이 필요 없다면 1종으로 유지)
  ex: 귤+사과 / 수박+포도 (조합은 상관 없음)
- 점심: 탄수화물을 2~3종 섞어 먹기 (굳이 필요 없다면 1종으로 유지)
  ex: 잔치국수+ 찐 감자 / 바게트+옥수수/ 단호박+치아바타 (조합은 상관 없음)
- 저녁: 단백질을 2~3종 섞어 먹기 (굳이 필요 없다면 기존대로 1종으로 유지)
  ex: 달걀 프라이+삼겹살/ 돼지고기+두부구이/ 해산물+소고기 (조합은 상관 없음)

※ 점심, 저녁 식사 시, 생채소는 언제나 충분히 섭취할 것

10kg 감량 후 마음이 느긋해졌을 때의 일이다. 유지기 식단을 제대로 하지도 않았는데, 갓 구운 피자를 보니 너무나도 먹고 싶었다. 한 조각쯤이야 괜찮겠지 하는 생각에 냉큼 피자를 집어 들었다. 하지만 그날의 피자 한 조각은 40년간 느껴 본 적 없는 희한한 지옥으로 나를 안내했다. 상한 것

을 먹은 것도 아닌데 내 몸은 격하게 거부하는 듯했다. 메스껍고 울렁거리고…… 배가 아픈 것이 아니고, 기분이 더러운(딱 맞는 표현이 이것뿐이라) 이상한 고통이었다. 내 몸이 그새 너무 깨끗해진 탓일까.

식당 음식의 조미료에 민감해지고, 염분의 과다함이 몸으로 느껴졌다. 예전에는 맛집으로 느껴졌던 곳의 음식이 더 이상 맛있지 않았다. 그렇게 좋아했던 세상의 음식들과 자연스럽게 멀어진 것이다.

물론 가족 행사나 기타 모임 등의 이유로 일반식을 먹는 날도 종종 있다. 그럴 때는 다음날 반드시 과일과 생채소, 우유 식단으로 염분과 독소를 배출할 수 있도록 했다. 아니, 그렇게 해야만 평안한 일상이 유지되니 안 할 수가 없다. 그렇게 원래의 식단을 유지하면 불어난 체중은 이틀이면 수월하게 자리를 찾아간다. 누가 시키지 않아도 이제는 몸이 원하는 식단이 되었기에 힘들이지 않고 유지하고 있다. 어느덧 입맛 교정과 식습관이 개선되면서 스스로 통제하는 힘을 갖게 되었달까. 그것이 과탄단이 나에게 준 가장 큰 선물이다.

운동, 원하는 몸을 위한 지름길

몇 년 전 고도 비만인을 날씬하게 만들어 주는 TV 프로그램이 있었다. 처음 미국에서 시작된 이 콘셉트의 방송은 얼마 지나지 않아 한국에도 상륙했다. 전국의 비만인을 모아 고강도 운동과 제한된 식단으로 극적인 감량 결과를 보여 주는 것이 핵심이었다. 방송은 대단한 인기를 끌었고, 그 덕에 운동과는 담쌓고 살던 사람도 헬스클럽에 등록하게 하는 순기능이 한동안 작동되었다.

그리고서 몇 해 후, 다큐멘터리 방송에서 그들의 근황을 다루었다. 아쉽게도 다수의 참가자가 요요로 인한 체중 증가에 시달렸으며, 그 중에는 심각한 식이장애까지 겪고 있는 사람도 있었다. 대체 그들은 왜 날씬함을 오래 유지하지 못했을까?

첫째, 피눈물 나는 고강도 운동을 매일 지속하기가 어렵기 때문이다. 방송에서는 한정된 기간에 눈이 번쩍 뜨일 만큼의 결과를 끌어내야 하기에 온갖 수단과 방법을 총동원한다. 하지만 방송이 종료된 후에는 이야기가 달라진다. 항상 매의 눈으로 운동을 시켰던 트레이너도 없고, 저칼로리 식사를 끼니마다 대령해 주는 스태프도 없다. 일상으로 돌아오는 순간 혼자서 모든 유혹을 견뎌야 한다.

둘째, 다이어트 실패 경험이 늘어날수록 살이 잘 빠지지 않는 체질이 되기 때문이다. 극강의 운동과 식이 제한을 반복한 사람일수록 흡수력이 강한 체질로 변하기 쉽다. 초절식, 저칼로리의 식단을 자주 하면 몸은 위기의식을 느낀다. 몸의 입장에서는 차곡차곡 쌓아 놓은 비자금과도 같은 소중한 지방을 도둑맞는다고 생각하는 것이다. 그로 인해 영양분이 들어왔을 때 최대한 지방으로 저장해 놓으려고 안간힘을 쓰게 된다. 그래서 '적게 먹어도 살이 찌는' 슬픈 체질로 변하는 것이다.

식단과 운동은 모두 중요하다. 하지만 그것이 반드시 고강도 운동일 필요도, 닭 가슴살 한 조각이어야 할 이유도 없다. 살이 찌는 조합을 피하여 정해진 시간에 먹고 싶은 만큼 먹으면 된다. 일부러 많이 먹을 필요도, 적게 먹을 필요도 없다. 먹다 보면 내가 만족할 수 있는 식사량을 알게 된다. 거기에 지속이 가능한 가벼운 운동을 습관으로 만들어 주면 원하는 체중과 사이즈를 얻을 수 있다. 할까 말까 망설이는 첫날의 고비만 넘긴다면 100일이 됐을 때는 눈 감고도 자동으로 움직이는 자신의 몸을 발견하게 될 것이다.

과탄단 다이어트라고 해서, 먹는 것만 관리하면 몸무게가 좍좍 빠진다고 생각했는데, 운동까지 하라고 하니 배반감을 느끼는 사람이 있을지 모른다. '그럼 그렇지, 내가 한두 번 당해 봤나? 어떻게 먹는 것만으로 살이 빠지냐고?' 그러나 속단할 필요 없다.

먹는 것만으로도 살은 빠진다. 하지만 거기에 어렵지 않은 운동을 겸한다면, 몸매를 조각하듯 내가 원하는 부위는 더 빼고 단단하게 하고 싶은 곳은 단단하게 할 수 있다는 얘기이다. 물렁살에 팔다리만 가늘어지는 것이 아니라 누가 봐도 탄탄하고 건강미 있는 사람으로 거듭날 수 있는데 굳이 운동을 마다할 이유가 있을까?

유산소 운동

아래 세 가지 중 '한 가지를 선택'해서 꾸준히 하면 된다.

1. 자동 러닝머신 : 속도 6~8, 첫날 10분으로 시작한 뒤 매일 10분씩 추가하여 최대 1시간 30분까지 늘려 간다.
2. 수동 러닝머신: 속도 3~4, 첫날 10분으로 시작한 뒤 매일 1분씩 추가하여 최대 40분까지 늘려 간다.(자동에 비해 수동의 운동 효과가 4배에 달할 정도로 월등히 높으므로 수동 머신을 적극 추천함)
3. 막춤 : 유튜브 등 인터넷을 활용하여 댄스 또는 에어로빅, 줌바 영상을 따라 하며 40분간 땀이 나도록 빠르고 신나게 춤을 춘다.

체조

1. 첫날 부위별 1회로 시작, 매일 1회씩 추가하여 최대 40회까지 늘린다.
2. 사이즈 감소와 부위별 체지방 감소에 효과적이므로 식단과 함께 반드시 병행할 것을 추천한다.
3. 체조 속도는 가볍고 빠른 속도로 진행해야만 사이즈 감소에 효과가 있다.

제6장

이번 생은 흥했어!

1. 칼자루를 내 손에 쥔 삶

"10일에 -5kg"

"한 달에 -10kg"

무책임한 세상의 거짓말은 오랫동안 내 몸과 마음을 너덜너덜하게 했다. 하지만 모든 탓을 세상에만 돌리기에도 내 양심이 들썩인다. 일확천금을 노리는 사람의 눈에 들어오는 것이 도박장이듯, 나 역시도 내 몸을 도박에 걸었던 것이나 다름없다. 열흘만 날씬하고 싶었던 것도 아니요, 한 달만 살고 그만 살 것도 아닌데 나는 늘 조급했다. 배는 고프고 몸은 고달프기만 한 다이어트의 고통으로부터 빨리 탈출하고 싶은 마음 때문이었다.

그러고는 나를 책임져 주지 않은 존재들에게 소중한 돈과 에너지를 빼앗겨 가며 자신을 아프게 만들었다. 헤아려 보니 인생의 절반도 넘는 긴 시간이었다. 무지한 주인으로 인해 고통의 시간을 버텨 내느라 고생했을 내 몸에 미안한 마음이다. 하지만 앞으로는 그럴 일 없다.

과탄단 다이어트를 만나게 되면서 조급함이 사라졌다. 굶어야 하고, 견뎌야 하는 고통이 없으니 기다림이 힘들지 않았다. 배부르게 먹으며 천천히 가도 된다. 많이 먹었다고 자책할 필요가 없다. 이젠 '폭식'이 아니고 '충분히' 먹은 것일 뿐이니 말이다.

산속에 홀로 집을 짓고 사는 '자연인'이라 불리는 사람들은 하나같이 같은 이유를 들었다. '원하는 삶'을 위해 산에 들어왔노라고. 외롭고 불편하지만, 자신이 간절히 원하던 가장 큰 것, 그 하나를 위해 기꺼이 감수할 가치가 있다고 했다. 그 말을 듣는 순간 어쩌면 자연인과 다이어터의 삶이 같을지도 모르겠다는 생각이 들었다. 이 둘의 삶에는 공통적인 시작점

이 있는데, 그것은 '결단'이다. 내가 원하는 것을 내 손으로 찾겠다는 결단. 반드시 이 과정을 거쳐야 한다.

N 회차의 다이어트 중 가장 괴로웠던 때를 꼽으라면 나 역시 '결단'의 순간이었다. 그리고 무사히 그 과정을 통과한 후에도 어김없이 유혹은 찾아왔다. 그때마다 그 썩을 놈의 '결단'과 싸우느라 몸도 마음도 고단했음을 고백한다. 하지만 그토록 간절히 바라던 -10kg으로 가는 열쇠는 과탄단뿐임을 확신했기에, 고비마다 신속한 결단을 내릴 수 있었다.

식욕 억제제가 날씬함을 평생 보장해 주지 않았고, 원하는 부위의 지방만 쏙쏙 뽑아 준다는 지방 흡입 역시 슬프게도 영원하지 않았다. 몸짱이라 불리는 유명인처럼 고강도의 운동을 버틸만한 의지도 없었으며, 연예인 식단이라 알려진 종이컵 한 개 분량의 식사로 일상을 유지할 수 있는 독한 마음도 없었다. 의사와 트레이너 그리고 홈쇼핑에 칼자루를 넘겨줘 봐도 내 뚱뚱함은 나아지지 않았다. 그렇다면 그것을 다시 거둬들여야 했다. 누가 대신해 줄 수 없고, 오직 나만이 할 수 있다는 불편한 진실을 마주하기로 했다. 그러자 칼자루를 내 손에 쥐고 사는 당연한 삶이 시작됐다.

머리가 좋고 나쁨은 있을 수 있다. 하지만 공부를 안 하고 명문대에 갈 수는 없다. 다이어트도 그랬다. 살이 잘 찌고

덜 찌는 체질은 있다. 하지만 아무거나 마구 먹고 날씬할 수는 없었다. 밤새워 공부해도 성적이 오르지 않는다면 공부법을 점검해야 하듯, 세상의 다이어트로 날씬해지지 않았다면 과감히 벗어 던질 용기도 필요하다.

나 역시 과탄단을 시작할 때만 해도, 세상의 오래된 상식과 싸우느라 힘들었다. 하지만 오래된 상식이 반드시 '진실'은 아니라는 발견이 내 몸을 변화시켰다. 먹을수록 감량이 되고, 몸이 달라지고 있다는 것을 내 눈으로, 주변의 눈으로 확인하게 되자 묵묵히 이어갈 수 있었다. 마치 '족집게 과외'를 받은 듯, 내 몸을 원하는 결과로 이끌 수 있었다. 변화를 시도하지 않고 불평만 해대는 학생처럼 살았다면 내 몸은 그대로였을 것이다. 매일 뚱뚱한 몸으로 '다음 생에는 날씬한 몸을 주세요' 같은 들어 먹힐 리 없는 기도나 하면서 말이다.

세상에는 과탄단 말고도 내가 모르는 수많은 다이어트 방법이 있을 것이다. 물론 그것으로 원하는 만큼의 체중을 감량한 사람들도 많음을 잘 알고 있다. 나는 그 방법들에 대해 감히 '옳다, 그르다'를 논할 생각이 없다. 그저 허심탄회하게 그간의 경험을 말하고 싶었을 뿐이다. 누군가에게는 '독'으로 작용할 수도 있는 이 위험천만한 다이어트들에 대해 '독과 득'이 무엇이었는지 말이다.

재수 없으면 120살까지 삽니다

"반백 살이 코앞인데, 웬 다이어트야?"

"팔자라도 고치게? 생긴 대로 살아~"

다이어트를 시작한다고 했을 때, 주변에서 자주 듣던 말이다. 20대에도 실패만 했던 다이어트를, 살이 안 빠지기로 유명한 갱년기 언저리에 시작해 보겠다는 모양새가 우습기도 했을 것이다. 기초대사량 저하, 폐경, 게다가 그동안 없던 각종 질환이 생겨나는 시기가 갱년기 아니던가? 말랐던 사람도 살이 찌고 물만 먹어도 몸이 부어 살이 된다는 이 시기에, 10kg을 감량하겠다는 나의 선언이 어처구니없었을 것이다. 나 역시도 같은 생각으로 시작을 망설였다. 그러다 우연한 계기로 내 마음은 달라졌다. 그것은 일흔이 한참 넘은 어느 노후설계 전문가의 강연 영상을 본 후였다.

"재수 없으면 120살까지 삽니다."

희끗희끗한 머리에, 자그마한 체구의 노신사는 단호하게 경고했다. 오랫동안 건강하게 살아야 하기에, 더 이상 자식에게도 투자를 멈추라고 신신당부했다. 그가 아니어도 각종 매체를 통해 자주 접하는 내용이긴 했지만, 아직 50세도 안 된 나에게는 남의 일이었다. 그의 경고가 연금보험 상품이라도 팔아먹을 요량인가 싶어 검색창을 두드렸다.

그의 말은 사실이었다. 과장된 내용이 아니었다. 1960년대에는 남성 50세, 여성 53세에 자연스럽게 생을 마감했으나, 2019년 기준 '최빈사망연령대'는 90대이다. 가장 많이 죽는 나이대가 90대라는 뜻이다. 계산해 보면 1960년대부터 지금까지 해마다 1.5세씩 수명이 늘어난 것이다. 그렇다면 지금 40대인 나는 몇 살에나 죽을 수 있을지 금방 답이 나왔다.

우리나라와 의식주 문화가 가장 비슷한 일본을 보니 생생하게 현실을 직시할 수 있었다. 일본은 1970년부터 고령화가 시작되어, 1994년부터 인구의 14%가 65세를 넘는 고령사회가 되었다. 2017년이 되어서야 65세 인구가 14%가 된 우리나라보다 20년이나 먼저 고령사회가 된 것이다. 고령인이 많아진 만큼 사회 전반적인 분위기도 고령인구에 맞게 변화하게 되면서 '젊은 노인'이 많다. 그들의 나이는 90세지만 우리나라의 70~80세 못지않은 신체 능력을 갖고 있었다. 게다가 체력이 뒷받침되니 사회 활동 역시 활발하게 이어가고 있었다.

대표적인 예가 '100세 작가'였다. 100세 전후 할머니들이 쓴 책이 일본 출판계의 주류로 등장한 것이다. 심지어 베스트셀러가 되기까지 했다. 주요 독자층은 60~70대 연령층이었으며, 그들은 이 책들을 통해 100세를 예습하고자 했다.

출판사들은 이런 호황을 놓칠세라, 100세 전후의 신진작가를 발굴해 내느라 바쁘다고 한다. 이런 사회적 분위기로 인해 '죽음'에 대해 이야기하는 것이 사회적으로 자연스러운 모양새이다. 그로 인해 죽음에 대해 공론화하고, 주체적인 태도로 삶의 마감을 준비하는 활동도 활발해진 듯했다.

그러다 보니 '안락사 합법화'를 주장하는 유명작가마저 나타난 것이 일본의 현실이다. 그렇다면 일본의 상황을 닮아 가고 있는 우리나라 역시도 비슷한 국면을 맞이할 것이라 생각됐다. 나의 90세가 어떨지 눈에 훤했다. 컴퓨터와 스마트폰을 자유자재로 다루며 살아온 나 같은 중년은, 지금의 90세보다 더 젊고 건강한 노후를 지낼 것이다. 하고 싶은 것을 마음껏 하고자 노력하며, 의미 있는 노년을 보내고자 배움을 지속하고 있을 것이 분명했다.

점점 발전하고 있는 의료 수준이 이 모든 걸 받쳐 주고 있으니 의심할 여지가 없다. 그러니 길고 긴 삶을, 내가 원하는 모습으로 만들어 가야 한다. 이번 생은 그만 탓하고, 주어진 삶을 제대로 살아 내야 한다. 100세 시대도 모자라 120세 시대라는데, 뚱뚱하고 병든 몸으로 이 병원 저 병원을 순회하며 긴 세월을 보내고 싶지 않다면 말이다. 늙어가는 것을 내 힘으로 막을 수 없다면, 가능한 원하는 몸으로 늙어야 한다. 그 깨달음이 나를 뚱뚱함과 이별하게 했다.

'이. 생. 망'이라는 요즘 말이 있다. '이번 생은 망했다.'라는 문장의 줄임말인데, 초등학생부터 나 같은 40대까지 많이 쓰고 있는 유행어이다. 조금 어려운 일이 생기거나, 현실을 부정하고 싶은 마음이 생길 때 나도 이 말을 사용하곤 했다. 말이 씨가 된다더니, 하기 싫은 무언가라도 마주하게 되면 농담 반 진담 반으로 '이생망'이라고 내뱉는 순간만큼은 기분 좋게(?) 아무 의지가 생기지 않았다.

'뭐, 나만 망한 것도 아니고 다들 망했다니까 괜찮잖아?'

그렇게 자신을 안심시키며 여느 때처럼 소파에 비스듬히 누워 TV 채널을 돌리던 어느 날, 하필 손가락이 멈춘 곳은 '동물의 왕국'이었다. 쇠똥구리가 뙤약볕에서 열심히 소똥을 굴리고 있는 장면이었는데 어찌나 열심인지 내가 대신 굴려 주고 싶을 정도였다.

'쟤는 뭐 때문에 저렇게 열심일까?'

하필 쇠똥구리로 태어난 불쌍한 그 녀석을 보며 혀를 끌끌 차려는데, 무언가 내 뒤통수를 한 대 치고 지나가는 듯한 느낌을 받았다.

'이 사람아, 다음 생을 누가 기약해 준대? 삼신할미니, 염라대왕을 만나서 공증이라도 받아 놓을 거야? 네가 원하는

모습의 다 가진 인간으로 태어나게 해 달라고?'

내 귓가에 대고 누군가가 바른말 한번 세게 날려 주고 지나간 듯한 이 기분. 너무나도 맞는 말이라 눈이 번쩍 뜨였다. 그렇다. 재수 없으면 120살까지 산다는데, 그렇다면 살아야 할 날이 70년이나 남은 게 아닌가? 살아온 날보다 살아갈 날이 더 많은 사람인 내가, 마치 죽을 날이라도 받아 놓은 사람처럼 시시한 생각을 하고 있었다니.

내가 통제할 수 있는 건 내 몸 하나뿐이다. 그게 운동이 되었든, 식이요법이 되었든 공부가 되었든 간에, 오직 나만이 나를 위해 결단할 수 있다. 그 누구도 나를 대신해 줄 수 없다는 이 단순한 이치를 깨닫는 순간, 긴 고민에 마침표를 찍을 수 있었다. 그렇다면 하루라도 빨리 시작해야 한다고 생각했다.

'내일부터'라든지 '주말만 지나고'를 입 밖에 내뱉는 순간, 시작하지 못할 게 뻔하다는 것을 이미 한참 흘려 보낸 세월이 말해 주고 있지 않나? 쓰레기가 가득 차 있는 방 청소를 계속 미뤄 봐야 벌레만 더 꼬이고 청소만 고될 뿐이다. 세상만사 뭐가 됐든지, 오늘 시작해야 더 수월하고 더 빨리 끝난다. 이 작은 깨달음이 나의 이번 생을 흥하게 했다.

2. 변비약과 소화제 없는 삶

초등학교를 입학하기 훨씬 전부터 만성 변비에 시달렸다. 그렇게 괴로울 수가 없었다. 어쩌다 반가운 신호가 오면 더 괴로웠다. 왜냐하면 시원한 결과를 얻기까지 힘겨운 사투가 예정되어 있기 때문이었다. 중, 고등 시절에도 상황은 나아지질 않았다. 누구는 황금색이네, 누구는 1초 만에 해결되네라며 각자의 변력(?)을 자랑했지만, 나에게는 어쩐 일인지

도무지 일어나지 않는 일이었다.

학교에서의 쉬는 시간은 유독 나에게만 짧았으며, 그 짧은 시간 내에 큰일을 성공적으로 마친다는 것은 불가능했다. 왜냐하면 나의 변은 유독 딱딱했으며 그로 인해 변기는 수시로 막히곤 했기 때문이다. 이런 이유로 친구 집에서 볼일이라도 보는 날엔 심장이 두근거릴 지경이었다. 원인 모를 뚱뚱함도 서러웠지만, 이렇게 변변(便便)치 않은 일상은 더욱 서러웠다. 놀라운 것은 이런 일상이 과탄단 다이어트를 만나기 직전까지 지속되었다는 사실이다. 마흔 살이 한참 넘어서까지 말이다.

힘겨운 싸움에 지칠 때면 당연히 변비약으로 해결했다. 가장 쉽고 빠른 방법이었기에 깊이 생각할 필요도 없었다. 그것으로도 해결이 되지 않는 심각한 사태를 맞이할 때는 특단의 조치를 취해야 했는데, 그것은 관장이었다. 나의 관장 역사는 10세 이전부터 시작되었다. 일주일이 넘도록 화장실을 못 가는 날이 잦다 보니 얼굴은 점점 회색빛이 되어갔고, 해결책은 관장만이 유일한 방법이었다.

변비와 비만이라는 숙제는 죽마고우처럼 나를 따라다녔다. 하지만 크게 걱정한 적은 없었다. 왜냐하면 어릴 때부터 TV를 켜면 항상 보게 된 것이 변비약 광고였으며, 그걸 보고

자란 나로서는 자연스럽게 '전 국민의 만성질환 = 변비'라고 생각했기 때문이다. 그래서인지 그 광고들을 볼 때마다 오히려 내 마음은 편안했다. 힘겨운 싸움을 하는 사람이 나뿐만은 아니라는 생각에 위안이 되었달까.

변비약에 이어 빠지지 않는 약 광고는 소화제였다. 신기하게도 이 두 광고는 쌍둥이처럼 항상 붙어 다녔다. 30년이 지난 지금도 상황은 달라지지 않았다. 아직도 TV 광고의 많은 부분을 변비약과 소화제가 차지하고 있으니 말이다. 물론 나 역시도 식전엔 변비약, 식후엔 소화제를 달고 사는 삶을 당연하게 살아왔다.

"과식, 소화불량엔 ○○제"

"속이 확~ ○○청"

이 한 구절만으로도 더부룩한 속이 신속하게 편안해지는 기분이 들었다. 자연스럽게 변비약과 소화제는 나의 일상에 중요한 존재가 되었다. 몸이 스스로 해결할 시간을 줄 필요가 없었다. 한두 알로 쉽게 해결할 수 있는 것을 굳이 마다할 이유가 없었다. 그렇게 신진대사를 약에 의존하는 일상을 보내던 어느 날이었다. 예상치 못한 건강검진 결과가 나를 기다리고 있었다.

변비약 때문에 대장이 시커멓게 변했다고?

변비약을 상습적으로 장기간 복용했을 때의 부작용은 상상을 초월했다. 억울했다. 누구도 나에게 그런 사실을 말해 준 이는 없었다. 단골 약국의 약사도, 식욕 억제제와 함께 변비약을 처방했던 의사도 언급한 적이 없었다. 그 사실을 알려준 의료인은 건강검진을 했던 병원의 의사가 유일했다.

"자, 이 사진 한번 보세요. 대장 끝부분이 까맣게 변색한 거 보이시죠? 변비약을 오래 복용한 분들에게 나타나는 증상입니다. 잘못하면 대장 흑색증이 될 수도 있어요."

머리가 쭈뼛했다. 변비를 수월하게 해결하라고 만들어 놓았길래 그저 안심하고 의지했을 뿐이다. 그런데 이런 경고를 받아야 한다니. 세상에 배신감이 들었다. 하지만 당장 어떻게 해결해야 할지 막막했다. 모르고는 살아도, 알게 된 이상은 찜찜했다. 이제 변비약을 맘 편히 먹을 수도, 단번에 끊을 수도 없으니 마음이 불편했다.

그렇게 답답한 세월을 보내던 중 해결의 열쇠를 찾게 된 계기가 '과탄단 다이어트'의 시작이었다. 물론 처음부터 해결된 것은 아니다. 한동안은 변비와 싸워야 했다. 그러다 자연스럽게 몸이 스스로 해결할 수 있는 능력을 찾기 시작했다. 식후 4시간의 공복이 자연스럽게 소화와 배출 능력을 회복시켜 주었고, 수분 가득한 과일과 생채소가 장 속 노폐물이 오래 머물지 않도록 도와주었다.

장의 흡수력이 강한 사람에게는 나처럼 변비 증상이 생기기 쉽다. 거기에 흡수율이 높은 음식인 가공식품을 이것저것 섞어 먹는다면 하루가 다르게 체중이 불어나게 된다. '흡수력 강한 체질+흡수율 높은 가공 식품=비만.' 이런 체질은 스펀지가 물을 빨아들이듯 변의 수분마저 흡수하게 된다. 이로 인해 변의 색은 검고 딱딱한 상태가 된다. 하지만 단순히 물을 많이 섭취하는 것만으로는 변비가 해결되지 않는다. 이것저것 섞어 먹는 기존의 일반식으로는 흡수력을 낮출 수 없기 때문이다.

장운동과 장내 환경을 바꿔 주는 방법을 찾아야 했는데, 그것이 나에게는 '과탄단'이었다. 드디어 변비약과 소화제 없는 뱃속 편한 일상이 나에게도 찾아왔다. 없으면 큰일이라도 날 것 같던 강력한 존재들로부터의 해방. 10kg 감량만큼이나 기쁜 선물이었다.

초가공 식품의 위험

초가공 식품(Ultra Processed Foods)은 통상 가정에서 음식을 만들 때는 추가하지 않는 재료들이 들어가는 식품이다. 과일, 채소, 곡물, 달걀, 생선 등의 천연 식재료는 가공되지 않은 식품이고, 그것들을 말리거나 분쇄한 것 혹은 기름, 설탕, 소금 등을 추가한 식품이 가공된 식품이다.

반면 초가공 식품은 화학물질, 착색제, 감미료 및 방부제를 포함하는 식품으로, 쉽게 말하면 공장에서 대량 생산되는 식품들이다. 공장에서 생산된 빵, 밀키트, 시리얼, 햄, 소시지, 베이컨 및 가공육 및 과자류, 과일 주스 및 탄산음료 등이 모두 초가공 식품이다.

(출처: MBN, 〈엄지의 제왕〉, '초가공식품, 우리 뇌와 몸을 망친다')

한 방송사에서 일주일간 초가공 식품을 섭취하는 실험을 했다. 그 결과 실험자에게 단맛 중독, 아무리 많이 먹어도 배고픈 현상, 이명, 집중력 저하, 수면 장애 등이 나타났다.

3. 넘어진 나를 용서하는 삶

2000년 초반으로 기억한다. 우연히 어느 미국 방송을 보게 되었다. 넓은 정원이 있고, 예쁜 벽돌로 만들어진 이층집이 소개되었다. 하지만 이내 내 눈을 의심할 정도의 광경이 펼쳐졌다. 집안으로 들어서자 온갖 쓰레기에 폐가전들은 물론이며, 심지어 반려견의 배설물까지 방마다 쌓여 있었다. 안방이며 거실, 욕실과 주방이 모두 쓰레기로 가득 차 있었다.

도대체 무슨 사연이 있었길래 집이 저 지경이 되었는지 궁금했다. 이내 사회자는 집주인을 소개하더니, 이어서 정신과 의사와 상담을 주선하였다. 그때만 해도 한국은 정신의학과 문턱이 높던 때라 나에게는 무척이나 생소한 광경이었다.

'집이 더러우면 청소를 시켜야지, 왜 정신과 의사를 불러?'

하지만 정신과 의사와의 상담이 진행되면서 이내 고개가 끄덕여졌다. 그 여성의 정신과 진단명은 '완벽 강박증'이라고 했다. 머릿속에 그려진 청소에 대한 기대치가 너무나도 높고 완벽하기에, 몸이 따라 주지 못하는 병이라고 의사는 설명했다. 그녀는 현실과는 동떨어진 허상을 꿈꾸고 있고, 몸은 그것을 충족시킬 능력이 없었다. 그러다 보니 아예 빗자루를 들지 못하는 것이었다. 난 그때만 해도 그게 무슨 말인지 이해하지 못했다. 냄새가 코를 찌르는 개똥만이라도 치우는 일이 그렇게 힘든 일이란 말인가?

다이어트를 주저하던 어느 날, 잊고 있던 그 여자가 문득 생각이 났다. 그 여자의 사정이나 내 사정이 별반 다를 게 없었다. 12월 31일 제야의 종소리를 들을 때쯤이 되어서야 '시작이라도 해 볼 것을……' 하고 소용없는 후회를 했고, 먹어야 할 때와 쉬어야 할 때를 지키지 못했다. 조금씩 꾸준하게 움직이면 될 것을, 언제나 발등에 불이 떨어져서야 무리하게 몸을 혹사했다.

그래 봐야 의지가 약한 현실 속의 나와, 완벽하게 날씬해진 머릿속의 내가 충돌만 할 뿐이었다. 나는 몸과 마음을 어지럽히고 있었다. 무서웠다. 쓰레기 더미에 갇혀 있는 그녀가 내 모습처럼 느껴졌다. 하지만 첫 다이어트를 약에 의존하여 성공했던 탓에, 내 힘으로 시작할 자신이 없었다. 그런 내가 음식만으로 다이어트에 성공했다니 지금도 놀랍다. 단번에 날씬해지겠다는 급한 마음을 버리고, 차근차근 지속할 수 있었던 그간의 과정을 꼭 공유하고 싶었다. 아니, 공유해야만 할 의무가 있다고 생각했다. 어디선가 울고 있을 누군가를 위해서.

자신을 비난하지 말자

물론 높은 기대치, 완벽한 식단이 빠른 성공으로 이끈다. 하지만 그것을 어기게 된 날이 오더라도 자신을 비난하는 시간이 길어질 필요는 없다. 짧게 꾸짖고, 신속하게 원래의 약속으로 돌아가면 될 뿐이다. 나마저 나를 탓하고 비난해 봤자 되돌아갈 길만 멀어질 뿐이다. 어떤 경우가 생기더라도 나만큼은 자신을 다독여야 한다. 세상만사가 모두 그렇겠지만

다이어트는 더욱 그렇다. 어제 한 걸음 후퇴했더라도 오늘 두 걸음 전진하고자 하는 마음가짐만 유지하면 된다. 설사 열 걸음 멀어졌더라도 오늘부터 다시 시작하면 된다. 멈추지만 않으면 반드시 원하는 체중과 만날 수 있다. 나를 다그치지만 않으면 말이다.

4. 60대에도 다이어트가 필요하다면

젊은 사람도 힘들다는 다이어트를, 60대에 성공한다는 것이 가능한 일일까? 그것도 3~5kg이 아닌 10kg 이상을 말이다. 결론을 미리 말하자면 '가능하다.' 요즘 시대의 중년은 40~50대가 아니다. 이미 오래전 60~70대로 상향되었다. 영양 상태가 좋아지면서 중장년들의 신체 나이 또한 젊어졌기 때문이다. 시골 마을회관에서는 70대 어르신이 막내 역할을 한다더니, 귀농한 주변인들의 증언에 의하면 사실이었다. 지금의 60대는 과거의 노인들처럼 환갑잔치를 하지 않는다. 감히 '할머니' 소리가 나오지 않을 정도로 젊다. 버스나 전철에서 함부로(?) 자리를 양보했다가는 센스없는 사람이 되기도 한다. 교육 수준, 소득 수준, 의료 수준이 골고루 상향되어 젊음의 유통기한도 늘어난 덕이다. 그로 인해 60대에도 미모 관리를 위해 피부과, 성형외과를 자주 드나드는 시대가 되었으며 미용, 패션 등에 대한 양질의 서비스를 그들도 기꺼이 즐기고 있다.

거기에 다이어트가 빠질 수 없다. 그렇다고 해서 60대에게 무리한 운동이나 식이요법을 권할 수는 없다. 고강도의 운동이나 풀떼기만 먹고 하루를 버티는 등의 다이어트는 그나마 젊음이 받쳐 줄 때나 일시적으로라도 가능했던 일이다. 60대에 했다가는 오히려 노화와 건강 악화만 재촉할 뿐이다. 하지만 과탄단처럼 골고루 배불리 먹는 식단이라면 얼마든지 가능하다. 감량과 동시에 건강 지표도 동시에 좋아지는 사례를 목격하며 확신은 더욱 강해졌다.

나의 부모님이 건강을 위해 체중 감량이 필요하다면 당연히 이 방법을 권할 것이다. 물론 나의 딸에게도 적극적으로 권하고 싶을 만큼 건강과 체중 감량을 동시에 이룰 방법임을 자부한다. 하지만 아직 청소년인 그녀는 나의 제안을 단숨에 거절했다. 친사회적인 음식을 만끽하고 싶다며 말이다. 참으로 안타깝지만 뚱뚱한 내 유전자를 고스란히 물려받은 내 딸임이 확실한 대목이다.

말랐던 사람도 살이 찌고 숨만 쉬어도 살로 간다는 40대에, 10kg을 감량하겠다는 나의 야무진 선언에 주변인들은 반신반의했다. 나 역시도 시작을 망설였다. 하지만 너무 오래 살지도 모른다는 불안함과, 새로운 인생을 살고자 하는 열망이 시작 버튼을 누르게 했다.

죽음이 미뤄질수록, 살아가야 할 날이 길어질수록 건강을 최대한 유지해야만 한다. 60세에 은퇴를 했다고 해서 무덤으로 들어갈 준비를 하는 사람은 없다. 오히려 터닝 포인트의 계기로 삼고 자신을 새로 갈고닦는 중장년이 훨씬 많다. 요즘은 생물학적 나이가 노인 대열에 합류했다고 해서 아무것도 하지 않으며 세월 보내는 것을 이상하게 생각하는 시대이다. 그러므로 인생을 재정비해야 한다면 나이가 몇이든 다이어트가 필요할 수 있다. 그래서 과탄단 다이어트를 많은 사람에게 알리고 싶었다. 언제 어디서든 누구나 할 수 있는 최고의 방법임을 확신하기 때문이다.

5. 평온한 일상

누구는 '아침을 먹어야 살이 안 찐다.'라며 먹기를 강요했고, 누구는 '점심까지 공복이어야 한다.'라며 굶기를 강요했다. 진보와 보수의 대립 못지않게 치열한 이 논쟁은 아직도 끝이 나지를 않았다. 심지어 '아침은 왕처럼 저녁은 거지처럼'이라는 속담까지 있다 보니, 옛말 애호가인 나로서는 어느 장단에 춤을 추어야 할지 미칠 노릇이었다.

왕처럼도 먹어 보고 거지처럼도 먹어 봤지만, 나는 항상 뚱뚱한 평민일 뿐이었다. 한식은 살이 안 찐다기에 아침부터 청국장도 끓여 보고, 서양식은 어떨까 싶어 커피와 빵 조각으로 때워도 봤단 말이다. 하지만 이런들 저런들 나의 아침 식사는 신호등이 고장 난 출근길 같았다. 질서는 없고 혼잡하기만 했다. 게다가 먹을 때의 행복보다 먹고 난 후의 불안함이 나를 힘들게 했다.

'배부르게 먹었으니 또 살이 쪘겠지.'

'역시 난 안 되나 봐.'

이런 나에게 무엇을 먹어야 할지 결정하는 행위는 마치 불행을 겪기 전 시작하는 전주곡과도 같았다. 행복 뒤에 이어질 불행을 매일 겪어야 하니 산해진미가 눈앞에 있어도 즐겁지 않았다. 하지만 과탄단 다이어트를 시작한 이후로는 달랐다. 감량이 보장된 식사는 행복 그 자체였다. 배불리 먹어도 마음이 편안했다. 정해진 식단이라는 것이 안전한 울타리처럼 느껴졌다. 조금만 먹으라는 지난날의 다이어트와는 차원이 달랐다.

'흡수력'이라는 존재를 발견하자 오래된 미스터리가 해결된 듯했다. 원인을 몰라 항상 답답했던 마음이 뻥 뚫린 듯 속이 시원한 그런 기분. 알고 나니 실천이 쉬웠고, 확신이 강

해질수록 감량이 빨랐다. 배불리 먹으면서도 감량이 되니 이제 DNA를 원망할 일도 없다.

일상이 평온해졌다. 요동치는 식욕과 싸우지 않아도 되며, 소중한 새 아침을 한숨으로 시작하지 않아도 된다. 내 몸에 맞는 옷을 만들어 내지 않는다는 이유로 죄 없는 의류 회사에 저주를 퍼부을 일도 없으며, 만난 적도 없는 SNS 속 몸짱의 일상을 힐끔거리며 나와 비교하느라 우울함에 빠질 일도 없다. 초등학교 시절부터 달고 살았던 변비약, 소화제와도 자연스럽게 이별할 수 있었으며, 내 몸이 무엇을 좋아하고 싫어하는지를 명확하게 알게 되었다.

누가 대신해 줄 수 없는 이 소중한 과정을, 나는 여러 이유로 남에게 떠넘겼다. 하지만 그들은 내 몸을 나만큼 이해할 리 없었으며, 나와는 다른 목적으로 다이어트를 부추겼다. 하지만 이제 죽을 때까지 그런 일은 일어나지 않을 것이다. 자연이 주는 음식으로 인해 시시비비를 가릴 수 있는 눈을 갖게 되었기 때문이다. 이제는 상냥한 얼굴로 거짓말을 하는 자가 누구인지를 단번에 고를 수 있다.

언제든 우선되어야 할 존재는 나 자신이다. 내 몸부터 추슬러야 한다. 그것은 오직 나만 할 수 있다. 대기업도, 연예인도, 체형 관리 숍도 내 몸을 어찌해 줄 수 없다. 내 뚱뚱함을 해결할 수 있는 유일한 존재는 자신뿐이다. 그것만 잊지 않는다면 나를 날씬하게 만들어 주겠다며 다가오는 거짓말쟁이들로부터 나를 보호할 수 있다. 항상 시작을 망설이다 허송세월하는 후손들을 조금이라도 돕고자, 우리 조상님들께서는 이런 말씀까지 남기고 가셨다.

'시작이 반.'

정말 옳으신 말씀이다. 시작하면 일단 50% 성공이다. 한 발만 떼도, 절반이나 간 셈 쳐 주는 참으로 너그러운 조상님이 아닐 수 없다. 그만큼 성공의 큰 열쇠는 언제나 '시작'이기 때문이다.

부록

과 탄 단 -10kg 레 시 피

먹고 싶은 만큼 먹자. 단, 일부러 적게 먹거나 억지로 많이 먹지는 말자.

과일, 탄수화물, 단백질 따로따로 먹기

• 섭취 방법

- 섭취량 제한 없음
- 식사는 1시간 이내, 식후 최소 4시간 공복 유지, 식후 4시간 후 취침
- 가성비가 좋고, 몸에 이로운 제철 식품을 우선

• 아침: 과일

- 섭취 금지 과일: 바나나, 아보카도, 단감, 곶감 금지(당+녹말, 수분은 적으며 변비 유발 성분이 있는 과실은 감량에 도움이 되지 않음)
- 냉동 과일 및 가공된 통조림 과일 금지(수분이 부족하고, 설탕 함유가 높으므로 감량에 도움이 되지 않음)
- 갈아 먹기 금지(섬유소가 파괴되어 흡수력을 높이므로 감량에 도움이 되지 않음)

• 점심: 탄수화물

- 섭취 금지 식품: 고구마, 밤(당+녹말의 조합은 흡수율이 높아 체중 감량에 도움이 되지 않음)
- 면류는 단일 성분으로 제조되었는지 확인 후 섭취할 것

소면: 밀 100%+소금

당면: 고구마 전분 100%

파스타면: 밀100%

냉면: 밀 95% 이상 (칡,메밀 금지)

칼국수, 수제비: 밀 100% (반죽에 계란, 콩가루 첨가 금지)

- 잡곡밥: 찰현미 7: 늘보리3 + 콩 한 줌(잡곡밥 식단일 경우에만 식물성 단백질인 콩을 섞어서 포만감을 유지)
- 소스 및 양념: 재래된장+다진 채소(파, 마늘, 양파)+고춧가루(비율은 기호에 맞게 가감, 기름류 첨가 금지)
- 카레: 시판 카레 가루+채소+물로 조리, 기름 및 육류 첨가 금지
- 짜장: 춘장+채소+물로 조리, 기름 및 육류 첨가 금지(예, 짜장+잡곡밥, 짜장+우동, 짜장+감자)

• **저녁: 단백질**

- 족발, 제육볶음, 닭볶음탕과 같이 가공 양념과 설탕이 다량 첨가된 육류는 섭취 금지
- 한방 재료는 흡수력을 강화시키므로 한방 삼계탕, 한방 오리백숙 등은 섭취 금지
- 기름: 식용유, 올리브유, 아보카도유 허용
- 소스 및 양념: 재래된장, 다진 채소(파, 마늘, 양파), 고춧가루(비율은 기호에 맞게 가감)
- 육류: 돼지, 소, 양은 동시 섭취 가능
- 조류: 닭, 계란, 오리도 동시 섭취 가능
- 어류: 해산물은 종류 상관없이 동시 섭취 가능
- 김치볶음은 양념을 헹구어 걷어내고 볶으면 허용

- 부득이 식후 4시간 경과 후 취침이 불가한 경우, 계란 흰자만 단독으로 섭취 후 바로 취침 가능(일찍 자기 위해 굶는 것은 절대 금지)
- 유제품은 우유만 가능
- 두부는 단독 섭취(흡수율이 높은 콩가루, 콩물은 섭취 금지. 오직 두부 형태로만 섭취)

• **식단별 허용 양념**

	종류	허용	금지	공통허용	공통금지
육류	소, 양, 돼지		간장	• 기름: 콩기름, 올리브유, 아보카도유 • 소금, 후추, 건조 허브가루 • 찜, 찌개, 탕, 볶음 재래된장+다진 채소(파, 마늘, 양파)+고춧가루 ※비율은 기호에 맞게 가감	• 고추장, 쌈장, 기타 가공 소스류 • 참깨, 들깨 및 참기름, 들기름, 견과류 토핑
조류	닭, 오리, 계란		간장		
어류	해산물	간장 와사비			
콩	두부	간장			

• **주류**

- 탄수화물, 단백질 식사 시 맥주, 소주, 위스키 섭취 가능
- 체중 증가와는 상관없으므로 식사 1시간 종료 후에도 주류만으로는 시간 제한 없이 섭취 가능. 단, 건강을 위해 과음은 금지
- 과실주, 과일 성분 함유된 주류 금지
- 막걸리 및 곡주 금지(당분 및 탄수화물 함유가 높으므로 단백질 식단과 섞일 시 체중 증가)

• **채소**

- 섭취 금지 채소: 소화, 흡수율이 높고 배변에 도움이 되지 않는 채소류(무, 더덕, 도라지, 우엉, 연근)와 콩나물, 숙주, 무순 등의 새싹 채소
- 씨앗 및 견과류 금지: 호두, 아몬드, 깨, 땅콩, 잣, 녹두 등의 모든 견과류(식물성 지방이므로 식단에 섞을 시 체중 감량에 장애가 됨. 단독으로 섭취 시 낮은 수분함량 및 높은 지방함량으로 인해 폭식을 유발함)
- 섭취 가능 채소: 상추, 배추, 양배추, 오이, 당근, 파프리카, 고추 등의 잎채소 및 열매채소(수분 및 섬유소 함량이 높아 체중 감량에 도움이 되고 배변을 도움, 탄수화물 및 단백질 섭취 시 곁들임 가능)

섭취 및 조리 시 주의사항

• 과일(섭취 제한 과일)

바나나	• 수분 부족, 당+녹말의 조합은 흡수율이 높아 감량에 도움이 되지 않음
아보카도	• 지방 함량이 높아 감량에 도움이 되지않음
감	• 수분 부족, 변비를 유발함
냉동 & 건조 과일	• 수분 부족, 당 함유만 높아 감량에 도움이 되지 않음
통조림 과일	• 설탕 함유량이 높아 체중이 증가함
갈아 놓은 과일	• 흡수를 방해하는 섬유소의 파괴로 인해 감량에 도움이 안 됨

• 탄수화물(금지식품 및 확인사항)

고구마, 밤(금지)	• 당+녹말의 조합은 흡수율이 높아 감량에 도움이 되지 않음
밀가루, 칼국수, 잔치국수, 냉면, 당면, 파스타	• 고명: 계란, 고기, 기름에 볶은 고명 금지 • 성분 확인: 계란, 콩가루 함유 금지 밀 95% 이상, 고구마 전분 100% • 식용유: 잡채, 부침개 조리시 1~2티스푼 정도로 최소화 권장
잡곡밥	• 비율: 찰현미7+늘보리3+콩 한 줌 밥 식단에서만 포만감 유지를 위해 콩 섞기 허용
카레, 짜장	• 시판 카레가루, 춘장 사용하여 물+채소만으로 조리 기름 및 육류 첨가 금지 ※곁들여 먹기 가능 ex) 카레+우동, 짜장+밥, 바게트+카레

• 단백질(금지식품 및 확인사항)

양념육(족발, 제육볶음 등)	• 설탕+염분 함유가 높은 가공양념의 육류는 체중 증가 원인
보양식 (한방 삼계탕, 오리백숙)	• 한방 재료가 첨가된 음식은 흡수율이 높아 체중 증가 원인
두부	• 반드시 두부 형태로만 섭취. ex) 모두부, 순두부 ※ 삶은 콩, 볶은 콩, 콩가루, 콩물 금지

• 발효식품(금지식품 및 확인사항)

젓갈, 생김치류	• 발효식품은 흡수율이 높고, 염분이 많아 식욕 및 체중 증가의 원인 단, 김치의 경우 양념을 헹구어 기름에 가열하여 섭취 권장(기름이 첨가되었으므로 단백질 식단에만 섭취 가능)
요거트, 치즈류	• 흡수율이 높은 식품이므로 체중 감량이 더딤

• 기타 금지식품

화학조미료, 가공 소스, 쌈장, 고추장	• 설탕 및 첨가물이 다량 함유되어 식욕을 증가시키고 혈당을 높임 • 체중 증가의 가장 큰 요인
콩나물, 숙주, 새싹채소 및 무, 더덕, 도라지, 우엉, 연근	• 장내에 오래 남게 되어 다음 식사류와 섞여 흡수율이 높아짐 • 소화흡수율이 높아 체중 감량 & 배변에 도움이 되지 않음
모든 씨앗 및 견과류 (아몬드, 호두, 깨, 땅콩, 잣, 녹두, 팥)	• 장내에 오래 남게 되어 다음 식사류와 섞여 흡수율이 높아짐 • 소화흡수율이 지나치게 더뎌 식사 대용으로는 부적합 • 폭식을 유발할 위험이 있음
과실주, 막걸리, 곡주, 담금주, 인삼주	• 당 함유가 높아 체중이 증가됨 • 한방 재료는 흡수력을 강화시키므로 체중 증가의 원인이 됨 ※맥주, 소주, 위스키 섭취 가능
가루, 즙	• 섬유소의 파괴로 인해 흡수율이 높은 식품이므로 감량에 도움이 안 되고 금세 배가 고파짐 ex) 미숫가루, 콩가루, 콩물, 과일즙

1개월 차(초기 감량 -4kg 목표)

핵심 비법

4시간 공복 지키기+생채소 곁들이기

· 식단 예시

<table>
<tr><th colspan="2">구분</th><th>월</th><th>화</th><th>수</th></tr>
<tr><td rowspan="5">1주 차</td><td>아침</td><td>귤</td><td>귤</td><td>귤</td></tr>
<tr><td rowspan="2">점심</td><td>잔치국수</td><td>잡곡밥 + 생채소 + 된장</td><td>물냉면</td></tr>
<tr><td colspan="3">+ 생채소 곁들이기</td></tr>
<tr><td rowspan="2">저녁</td><td>삼겹살</td><td>닭구이</td><td>소고기</td></tr>
<tr><td colspan="3">+ 생채소 곁들이기</td></tr>
<tr><td rowspan="5">2주 차</td><td>아침</td><td>오렌지</td><td>오렌지</td><td>포도</td></tr>
<tr><td rowspan="2">점심</td><td>도토리묵무침</td><td>잡채
(식용유 1ts 설탕×)</td><td>단호박</td></tr>
<tr><td colspan="3">+ 생채소 곁들이기</td></tr>
<tr><td rowspan="2">저녁</td><td>조개구이</td><td>샤브샤브</td><td>데친 오징어</td></tr>
<tr><td colspan="3">+ 생채소 곁들이기</td></tr>
<tr><td rowspan="5">3주 차</td><td>아침</td><td>딸기</td><td>딸기</td><td>사과</td></tr>
<tr><td rowspan="2">점심</td><td>잡곡밥 + 된장</td><td>치아바타</td><td>카레우동</td></tr>
<tr><td colspan="3">+ 생채소 곁들이기</td></tr>
<tr><td rowspan="2">저녁</td><td>번데기탕</td><td>새우 감바스</td><td>해물찜</td></tr>
<tr><td colspan="3">+ 생채소 곁들이기</td></tr>
<tr><td rowspan="5">4주 차</td><td>아침</td><td>자두</td><td>자두</td><td>키위</td></tr>
<tr><td rowspan="2">점심</td><td>치아바타 + 카레
(고기× 식용유×)</td><td>쑥부침개</td><td>잡곡밥 + 된장찌개</td></tr>
<tr><td colspan="3">+ 생채소 곁들이기</td></tr>
<tr><td rowspan="2">저녁</td><td>닭구이</td><td>돼지 김치찌개</td><td>굴미역국</td></tr>
<tr><td colspan="3">+ 생채소 곁들이기</td></tr>
</table>

<table>
<tr><th>목</th><th>금</th><th>토</th><th>일</th></tr>
<tr><td>망고</td><td>망고</td><td>키위</td><td>키위</td></tr>
<tr><td>바게트 + 카레
(고기×, 식용유×)</td><td>미나리부침개
(식용유 1ts)</td><td>옥수수</td><td>칼국수</td></tr>
<tr><td colspan="4">+ 생채소 곁들이기</td></tr>
<tr><td>순댓국(순대×)</td><td>치킨</td><td>돼지고기 김치찜</td><td>두부구이</td></tr>
<tr><td colspan="4">+ 생채소 곁들이기</td></tr>
<tr><td>포도</td><td>파인애플</td><td>파인애플</td><td>오렌지</td></tr>
<tr><td>쑥부침개
(식용유 1ts)</td><td>순댓국
(순대×)</td><td>잡곡밥 + 카레
(고기× 식용유×)</td><td>카레
스파게티</td></tr>
<tr><td colspan="4">+ 생채소 곁들이기</td></tr>
<tr><td>계란말이</td><td>양고기</td><td>두부구이</td><td>묵은지 닭볶음탕</td></tr>
<tr><td colspan="4">+ 생채소 곁들이기</td></tr>
<tr><td>사과</td><td>사과</td><td>배</td><td>배</td></tr>
<tr><td>배추전</td><td>옥수수</td><td>감자 옹심이</td><td>짜장 우동</td></tr>
<tr><td colspan="4">+ 생채소 곁들이기</td></tr>
<tr><td>계란말이</td><td>생선회</td><td>치킨</td><td>두부 + 김치볶음</td></tr>
<tr><td colspan="4">+ 생채소 곁들이기</td></tr>
<tr><td>키위</td><td>오렌지</td><td>오렌지</td><td>오렌지</td></tr>
<tr><td>평양냉면</td><td>곤드레밥
(잡곡밥 + 된장)</td><td>부추전
(식용유 1ts)</td><td>우동
(유부 ×, 김 가루 ×)</td></tr>
<tr><td colspan="4">+ 생채소 곁들이기</td></tr>
<tr><td>소고기 스테이크</td><td>치킨</td><td>뼈해장국(들깨 ×)</td><td>계란탕</td></tr>
<tr><td colspan="4">+ 생채소 곁들이기</td></tr>
</table>

2개월 차(누적 감량 -7kg 목표)

핵심 비법

생채소 20% 추가 + 조리 단순화

· 식단 예시

구분		월	화	수
5주 차	아침	참외	참외	자두
	점심	잡곡밥 + 된장찌개	바게트	단호박
		+ 생채소 20% 이상 추가		
	저녁	소고기 미역국	수육	계란말이
		+ 생채소 20% 이상 추가		
6주 차	아침	체리	체리	수박
	점심	치아바타	잡곡 비빔밥	카레 우동
		+ 생채소 20% 이상 추가		
	저녁	꽃게 찜	묵은지 닭볶음탕	우유
		+ 생채소 20% 이상 추가		
7주 차	아침	수박	수박	복숭아
	점심	옥수수	배추전	물냉면
		+ 생채소 20% 이상 추가		
	저녁	참치캔	두부구이	샤브샤브
		+ 생채소 20% 이상 추가		
8주 차	아침	멜론	멜론	사과
	점심	잡곡밥 + 된장찌개	잡곡밥 + 된장찌개	찐감자
		+ 생채소 20% 이상 추가		
	저녁	닭곰탕 + 삶은 계란	우유(라떼)	샤브샤브
		+ 생채소 20% 이상 추가		

목	금	토	일
자두	복숭아	복숭아	복숭아
양배추 볶음우동	도토리묵 무침	물냉면	수제비
+ 생채소 20% 이상 추가			
우유	생선구이	두부버섯전골	치킨
+ 생채소 20% 이상 추가			
수박	자두	자두	오렌지
옥수수	감자 옹심이	바게트	애호박 + 양파 부침개
+ 생채소 20% 이상 추가			
설렁탕	계란말이 + 삶은계란	연어회	두부구이 + 된장찌개
+ 생채소 20% 이상 추가			
복숭아	망고	망고	복숭아
바게트	단호박	우동	칼국수
+ 생채소 20% 이상 추가			
우유	선지국	데친 오징어, 오징어볶음	두부 + 김치볶음
+ 생채소 20% 이상 추가			
사과	배	배	사과
바게트	평양냉면	우동	수제비
+ 생채소 20% 이상 추가			
순댓국	치킨	데친 오징어	우유(라떼)
+ 생채소 20% 이상 추가			

3개월 차(누적 감량 -10kg 목표)

핵심 비법

생채소 30% 이상 대폭추가 + 조리 단순화 + 식단 단순

(우유, 계란과 같은 단순 식단으로 주 2회 이상 섭취 권장)

· 식단 예시

구분		월	화	수
9주 차	아침	무화과(건조X)	무화과(건조X)	사과
	점심	치아바타	우동	옥수수
		+ 생채소 대폭 추가		
	저녁	우유(라떼)	삼겹살	훈제 계란
		+ 생채소 대폭 추가		
10주 차	아침	샤인머스캣	샤인머스캣	사과
	점심	물냉면	옥수수	잡곡밥 + 된장
		생채소 대폭 추가		
	저녁	계란찜	닭곰탕	라떼(쑥가루ok)
		+ 생채소 대폭 추가		
11주 차	아침	무화과	무화과	포도
	점심	옥수수	찐 감자	물냉면
		생채소 대폭 추가		
	저녁	생선 구이	우유(라떼)	순댓국
		+ 생채소 대폭 추가		
12주 차	아침	수박	수박	배
	점심	옥수수	옥수수	찜감자
		+ 생채소 대폭 추가		
	저녁	구운계란	계란말이+계란탕	해물미역국
		+ 생채소 대폭 추가		

목	금	토	일
사과	배	배	사과
찐 감자	옥수수	평양냉면	바게트
+ 생채소 대폭 추가			
갈비탕	우유(라떼)	닭곰탕	번데기탕
+ 생채소 대폭 추가			
사과	배	배	사과
감자옹심이	바게트	우동	수제비
생채소 대폭 추가			
훈제계란	수육	두부전골	라떼(쑥가루ok)
+ 생채소 대폭 추가			
포도	사과	사과	수박
우동	찐 감자	바게트	칼국수
생채소 대폭 추가			
샤브샤브	우유(라떼)	연어 회 + 연어 구이	우유(라떼)
+ 생채소 대폭 추가			
배	사과	사과	키위
찜감자	우동	단호박	단호박
+ 생채소 대폭 추가			
라떼(쑥가루ok)	치킨	라떼(쑥가루ok)	생선 구이
+ 생채소 대폭 추가			

다이어트 다이어리

- 다이어트 진행 상태를 파악하고 꾸준히 계속하기 위해서 식단과 지켜야 할 사항의 실천 여부를 기록하는 것이 좋다.

- 아침-점심-저녁을 과일-탄수화물-단백질 순으로 고정하되, 불가피한 경우 점심 탄수화물 식단을 단백질로 대체할 수 있다. 단, 대체가 잦으면 감량이 더뎌지므로 주의한다.(과탄단 → 과단단 가능)

- 날마다 아침, 점심, 저녁 메뉴를 적고 식후 4시간 공복을 지켰는지(식간), 배변을 했는지, 졸거나 자지 않았는지, 운동을 했는지 O X 표시한다.

- 식단을 기록해 두면 섭취 후 컨디션, 감량, 배변에 영향을 주는 음식이 무엇인지 파악하기 쉽다. 체질마다 영향을 미치는 음식에 차이가 있기 때문이다.

※1주차

날짜	.	.	.	.	.	.	.
진행일	1	2	3	4	5	6	7
요일	월	화	수	목	금	토	일

※식단

아침	사과						
점심	잔치국수						
저녁	치킨+맥주 +당근						

※체크 리스트

식간	○						
배변	○						
졸음참기	○						
운동	○						

유지기 식단 완화 방법

	1~5주	6~10주	11~15주	16~20주
아침	과일 1종	과일 섞기 ex) 사과 + 귤, 복숭아 + 배, 포도 + 수박		
선택 가능		고구마, 밤 섭취 가능		① 탄수화물
점심	① 탄수화물 섞기 ex) 단호박 + 바게트 현미밥 + 치아바타	① + ② 탄수화물 + 나물반찬류 ex) 콩나물, 숙주포함 모든 나물반찬	① + ② + ③ 탄수화물 + 나물반찬류 + 식물성단백질 ex) 콩나물 숙주포함 모든 나물반찬 + 두부조림 미역 해조류	
양념	재래된장	견과류 섭취 가능	참기름, 들기름, 깨소금, 간장, 된장, 식초	
저녁	단백질 1종	단백질 섞기 ex) 삼겹살 + 해산물, 치킨 + 새우구이, 양고기 + 계란말이, 번데기탕 + 생선구이		
선택 가능				
양념	재래된장	참기름, 들기름, 깨소금, 간장, 된장, 식초		

<참고>

- 1종만으로 포만감이 충분할 경우 섞어 먹지 않아도 됨
- 설탕이 들어가지 않는 조리법 엄수
- 시판 고추장은 설탕 함유량이 높으므로 재래고추장 섭취

21~25주	26~30주	36~40주	41~52주
①+② 탄수화물 + 나물반찬류	①+②+③ 탄수화물 + 나물반찬류 + 식물성 단백질		
	+ 재래 고추장 (일반 김치 섭취 가능)		
① 탄수화물	①+② 탄수화물 + 나물반찬류	①+②+③ 탄수화물 + 나물반찬류 + 식물성단백질	
	+ 재래 고추장		

증인 신청합니다!

"아니, 대체 무슨 일이 있었던 거야? 왜 이리 살이 빠졌어?"

오랜만에 만나는 사람들마다 정말 토씨 하나 틀리지 않고 똑같은 질문을 해 댔지만, 정작 내가 하는 말은 믿지 않았다. 실컷 방법을 말해 주어도 그들의 눈빛에는 신뢰라고는 1도 없어 보였달까. '뭐 또 새로운 다이어트 약이나 보조제를 먹었겠지.' 하는 불신의 눈초리를 마주할 때마다 나만 답답했다. 하기사, 지리멸렬했던 나의 다이어트 방랑기를 수년간 목격해 온 그들의 입장을 헤아려 본다면 합리적 의심이기도 했다.

"재판장님! 증인을 신청합니다."

더 이상은 불의를 참을 수 없다는 듯 책상을 탁! 치며 일어서는 드라마 속 변호사처럼, 나도 진실을 밝혀 줄 증인이 필요했다. '이번만큼은 진짜라고!' 그 어떤 약물이나 시술의 도움을 받지 않았다는 것을 떳떳하게 밝히고 싶었다. 그렇다면 제3자의 증언이 절실했다. 그래서 조심스럽게 과탄단 다이어트 카페 회원분께 도움을 청했다.

증인 ❶ 가을별님(50대 중반 여성)

시작 계기

어릴 때부터 빼빼 마른 체형이었던 저는, 의외로 무엇이든 잘 먹는 아이였어요. "어쩜 이리 복스럽고 맛있게 먹냐"며 칭찬을 받을 정도였으니까요. 게다가 첫 아이 출산 후에도 원래 체중이었던 47kg로 금세 돌아올 정도여서, 저는 평생 살이 찌지 않을 줄 알았죠. 그러나 연이어 둘째를 출산했는데 그런 기적은 일어나지 않더라고요. 20kg가량 불어난 체중에서 달랑 5kg만 빠지더니 더 이상 예전의 날씬한 몸으로 돌아가지 않았어요.

오히려 야금야금 살이 찌기 시작하더라고요. 급기야는 오랜만에 만나는 사람들이 저를 알아보지 못하는 지경에까지…… 뭐라도 해야겠다 싶어서 이런저런 다이어트를 섭렵해 봤죠. 하지만 일시적인 감량 후엔 항상 요요를 반복할 뿐이었어요. 다시 뚱뚱해진 몸이 되고서는 전신거울 근처에는 가지도 않게 되더라고요. 아예 내 모습을 안 보는 것이 마음 편할 정도였죠.

뚱뚱한 내 모습을 마주하는 게 참 힘들었거든요. 게다가 특별한 날에 사진이라도 찍을라치면 저는 손사레를 치며 빠지기 바빴어요. 자존감은 한없이 낮아져 갔고, 그러다 보니 매사에 의욕 없는 일상이 계속되더라고요.

그러던 차, 충격적인 사건이 하나 벌어졌어요. 그것은 충격적인 건강검진 결과! 혈압, 고지혈, 혈당 수치가 상상 이상으로 나빴어요. 의사는 '체중 감량을 하지 않으면 평생 약을 먹으며 살 수도 있다'며 경고하더군요. 그제서야 사태의 심각성에 눈뜨게 된 거죠. 게다가 갱년기에 접어들며 수면의 질도 나빠졌고, 그로 인해 컨디션까지 저하되다 보니 일상이 힘들었어요. 그래서 과탄단 다이어트를 시작하게 되었지요.

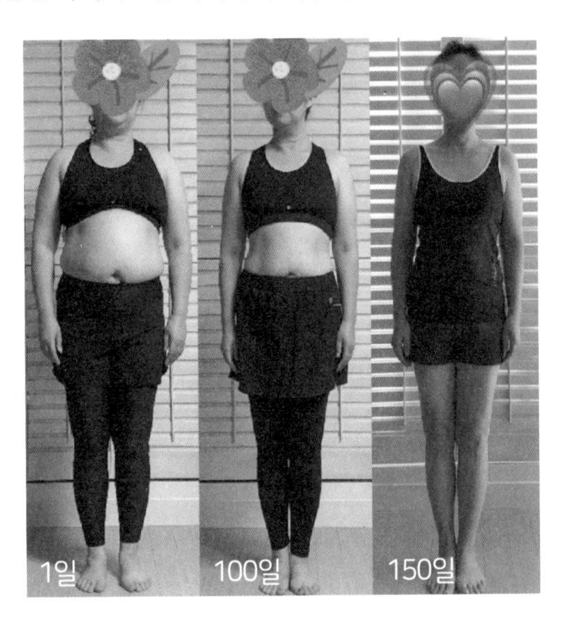

과탄단 다이어트의 좋은 점

정신적 안정감 »»› 원푸드 다이어트, 체중 감량 보조제, 한약 다이어트 등 세상의 다이어트에 더 이상 돈과 시간을 투자하며 실패를 반복하지 않아도 돼요. 시간이 지날수록 달라지는 체중을 보며 확신이 강해지기 때문이죠.

건강 »»› 심각했던 건강 관련 수치들이 체중 감량 후 모두 정상으로 돌아왔어요.

갱년기 증상 개선 »»› 수면의 질이 좋아지면서 '꿀잠'을 자게 되었죠. 하루하루 컨디션이 좋아짐을 느꼈어요. 게다가 체조를 매일 하니 목과 어깨의 결림이 사라지고, 체중이 감량되니 무릎 통증도 사라졌지요. 족저근막염으로 인해 항상 운동화만 신고 다니던 과거와는 달리 이젠 샌들을 신어도 발이 아프지 않게 되었습니다.

힘든 점

외식 »»› 처음엔 식당에 가서 '소스 없는 샐러드'를 별도로 미리 요청하는 것이 꽤나 망설여졌어요. 까탈스러운 손님으로 보일까 싶어서였죠. 하지만 지금은 당당히 요청하고 있고, 부득이한 경우를 대비해 직접 싸가기도 합니다.

운동 »»› 운동에 흥미도 없고 워낙에 싫어했던 터라 처음엔 참 어려웠어요. 하지만 감량에 속도가 붙으며 몸이 가벼워지니 점점 수월해졌고, 초반엔 3분도 힘들게 느껴지던 수동 러닝머신을 이제는 40분간 수월하게 해내는 체력을 갖게 되었습니다.

시작을 결심한 분들께

더 이상은 물러설 곳이 없어 시작한 저의 경우처럼, '인생 마지막 다이어트'로 시작하고 싶은 분들께 적극 추천합니다. 여러 가지 다이어트 관련 책들을 뒤적이며 머리로만 다이어트를 하려거나, 각종 다이어트 식품이 유혹해도 '다이어트에 왕도는 없다'는 것을 잊지 마세요. 세상에는 짧은 시간 내에 체중 감량을 해 주는 방법은 많이 있어도, 그것을 끝까지 유지할 수 있도록 하는 비법은 없다는 것을 여러 경험으로 깨달았어요. 다이어트의 완성은 '감량'이 아니고 '유지'라는 것을 명심해야 하고, 그것은 남이 해 주는 게 아니라 오직 나만이 할 수 있어요. 나를 뚱뚱하게 만드는 '나쁜 입맛'과 이별해야 하고, 땀 흘리는 일상을 즐기는 '움직이는 습관'을 몸에 익히는 것이 답이더군요. 매년 새해 계획으로 다이어트를 계획하고서 작심삼일이 되곤 했던 모든 분들이, 유행처럼 반짝 떴다 사라지는 다이어트에 더 이상 몸과 마음을 괴롭히지 말기를 바라는 마음입니다.

증인 ❷ 꿈의몸매님(50대 초반 여성)

시작 계기

2002년 친구를 통해 '과탄단 다이어트'를 알게 되었어요. 서른 살이 넘으면서 본격적으로 살이 찌기 시작하던 때였죠. 당시에 약물로 감량을 하는 여러 다이어트가 한창 유행했어요. 하지만 참 다행스럽게도 저는 건강한 체중 감량법을 만나게 되었던 거죠. 지금도 그 친구에게 항상 고맙다고 얘기할 정도예요.

2003년과 2007년, 두 아들을 출산 후, 다시 과탄단 다이어트를 진행하면서 체중 감량에 성공했고 다시 예전의 몸매로 돌아올 수 있었어요. 그렇게 감량 체중을 잘 유지하며 일상을 보내던 중, 예전에 없던 증상이 생겨났어요. 제가 슬금슬금 폭식을 하고 있더라고요. 예전에 즐겨 먹던 달콤하고 자극적인 '단짠단짠'의 음식이 먹고 싶어졌어요. 참지 못하고 먹은 후에는 항상 자책이 이어졌죠.

그리고 또다시 먹느냐 마느냐의 갈등 상황이 반복되니 너무나 힘들었어요. 음식 앞에서 이성을 잃지 않으려고 양을 줄여도 보고 참아도 봤죠. 하지만 그렇게 힘든 절제의 시간은 오히려 더 큰 폭식을 불러왔어요. 과자를 한 개라도 집어먹은 날은 '어차피 망했으니 오늘은 실컷 먹어 버리자'라며 집 안에 있는 모든 간식거리를 꺼내어 먹어 치웠으니까요. 밤 12시까지 말이에요. 그러던 어느날 그런 저의 모습을 가족들에게 들키게 되었죠. 그때부터는 몰래 숨어서까지 먹게 되더라고요.

폭식에 시달리는 날의 공통점이 있었어요. 스트레스를 받거나, 피곤하거나, 조용히 혼자 있게 되는 날 유독 심하다는 것을 알게 되었죠. 어떤 방법으로든 음식에 대한 스트레스를 풀어야 했습니다. 체중이 급격히 불어나거나 맞는 옷이 없는 것은 아니었어도, 폭식하는 나 자신을 고치고 싶었어요. 그래서 10년 만인 2017년에 다시 과탄단 다이어트를 시작하게 되었죠.

시작을 결심한 이유 중 하나는 '변비' 때문이었어요. 아주 어릴 때부터 변비에 자주 시달렸는데 두 번의 임신을 거치며 변비는 더욱 심해지더라고요. 어느새 매일 변비약을 먹어도 해결되지 않는 만성변비가 되었죠. 운동을 하면 좀 나아질까 싶어서 필라테스를 주 2회씩 7년이나 했어요. 하지만 변비는 해결되지 않았어요. 지금 생각해 보면 식습관 개선이 선행되지 않아서였던 것 같아요.

세 번째 이유는 갱년기 증상을 예방하고 싶었어요. 50대를 맞이함과 동시에 비만, 불면증, 우울증을 겪는 경우를 주변을 통해 많이 보았거든요. 과탄단 다이어트를 여러 번 경험하면서 만족스러운 결과가 쌓이다 보니 걱정 없이 다시 시작할 수 있었어요.

과탄단 다이어트의 좋은 점

좋은 식습관과 생활습관 유지 ››› 과탄단 다이어트와 만난 지 어느새 20년이나 되었어요. 현재까지 총 4회 과탄단 분리식단을 진행했고, 매회 100일 과정을 마칠 때마다 식습관과 생활습관은 점점 좋아졌고요. 특히 서서히 식단을 완화해 가는 '다지기(유지기)' 과정이 큰 몫을 했다고 생각해요. 물론 세상의 음식들을 먹기도 해요. 현재 해외에 거주하다 보니 오랜만에 한국에서 시간을 보내게 될 때는 그동안 먹지 못했던 한국 음식들을 먹죠. 한 달 이상 맛있게 먹고 올 때도 있어요. 이제는 체중 때문에 걱정하지 않아도 되는 입맛과 체질이 되었으니까요. 예전에 좋아했던 초콜릿, 과자, 팥빙수, 짜장면, 탕수육 등의 음식들을 먹어도 식욕이 크게 요동 치지 않는 것을 보면, 정말 예전과는 달라진 것을 느껴요. 이제는 폭식하고 싶은 생각이 들지 않아요.

변비 해결 ››› 변비와 싸우지 않아도 되는 일상이 되었어요. 풍부한 섬유질 식사와 우유 섭취, 매일 실천하는 운동으로 인해 얻은 결과일 거예요. 이 세 가지가 충족되어야만 만성 변비가 해결된다는 것을 내 몸으로 체험하며 제대로 알게 되었어요.

갱년기 증상 예방 »» 아직 50대 초반이어서 '갱년기가 무사히 지나갔다'고 장담할 수는 없죠. 하지만 현재까지는 불면증이나 우울증, 비만으로 걱정하는 일 없이 평온한 일상을 보내고 있어요. 젊은 분들의 다이어트는 중년층에 비해 비교적 결과가 좋고 유지도 수월한 편이잖아요. 하지만 갱년기 중년 여성의 몸은 달라요. 운동에만 매달리거나, 버티기 식단만 해서는 원하는 결과를 얻을 수 없죠. 하지만 땀 흘리는 운동과 만족스러운 식사, 무분별한 생활습관 개선이라는 삼박자가 맞는다면 얼마든지 원하는 몸을 만들 수 있어요. 만족스러운 결과를 얻은 저로서는 중년 여성분들께 꼭 한번 경험해 보시길 권하고 싶어요. 무기력한 일상, 저하된 운동능력으로 걱정하시는 분들께 특히나 강력히 추천합니다.

약에서 해방 »» 1년 넘도록 두통약(타이레놀) 3~6정, 변비약 3~6정, 알레르기약 2정씩을 매일 먹고 있었어요. '이제 약을 달고 사는 나이가 된 건가' 하고 당연하게 여겼죠. 하지만 과탄단 다이어트로 식습관이 개선된 후, 한 번도 이 약들을 먹은 적이 없어요. 이제는 약을 어디다 뒀는지도 모르고 사네요.

힘든 점

철저한 식단 준비 »» 익숙해지면 아무것도 아닌 일이지만 처음엔 이것저것 가려야 할 음식들을 신경 써야 하기에 번거롭게 느껴질 수도 있죠. 하지만 미리 식단을 준비하는 일상을 반복해 보면 쉽게 해결되는 문제예요.

주변에 도움 요청하기 »» 회식, 가족 생일, 각종 경조사로 인해 식단을 지키기 어려운 날도 있습니다. 한번 어김은 계속적인 어김을 불러오기에 어렵게 결심한 마음이 흔들리기 쉬워요. 적극적으로 도움을 요청하세요. 그게 어렵다면 모임 장소나 메뉴에 대해 스스로 의견을 내는 것도 좋아요. 주변에 끌려다니다 보면 정작 내 몸을 챙길 수가 없더라고요.

시작을 결심한 분들께

누구나 할 수 있고 누구나 성공할 수 있지만 누구에게나 처음이 어렵게 느껴질 수 있어요. 저처럼 오랜 경험이 있는 사람도 어떤 날은 새로운 도전처럼 느껴지기도 하니까요. 저는 주변에 과탄단 다이어트에 대해 이렇게 말하곤 해요. '안 해 본 사람은 있어도 한 번만 해 본 사람은 없다'고요. 그 이유는 무얼까요. '나만을 위한 소중한 하루를 만들어 가는 습관'의 위력을 알기 때문이에요. 통제가 되지 않던 식습관과 생활습관을 하루하루 정성들여 고쳐 나가다 보면, 그 하루가 쌓여 '소중한 나'를 만들어 주니까요.

과탄단 다이어트는 그런 시간을 만들어 나가는 것이 최종 목표예요. 그러다 보면 날씬한 몸은 덤으로 따라오는 거죠. 그래서 가족과 주변에 '나를 위한 도움'을 적극적으로 요청해야 해요. 그래야만 하루라도 빨리 원하는 결과를 만날 수 있으니까요.

한동안은 친구 생일날의 케이크와 이별해야 하고, 주변인들과 즐겁게 먹었던 간식들과 멀어져야 하는 것이 힘겹게 느껴질 수도 있겠죠. 하지만 지금의 결심을 쉽게 바꾸지 마시라고 당부드리고 싶어요. 그 누구도 아닌 '온전히 나를 위한 시간'을 만들어 보세요. 배불리 먹는 과탄단 다이어트라면 예전처럼 쉽게 흔들리지 않으실 거예요.

증인 ❸ 완주했어님(61세, 여성)

시작 계기

2003년, 제가 40대 초반일 때 인터넷 검색을 통해 우연히 과탄단 다이어트를 알게 되었어요. 20년이 지나고 저는 어느덧 61세가 되었지만, 체중 감량이 필요하면 망설임 없이 과탄단 다이어트를 시작하고 있어요.

처음 시작했을 때는 다이어트 경험이 없던 몸이어서 남들보다 감량이 빨랐어요. 60일 만에 64kg에서 48kg이 되었거든요. 2개월 만에 16kg을 감량한 거죠. 그러다 보니 '아, 나는 살이 잘 빠지는 체질이구나!' 하고 자만하게 되더라고요. 주변에서도 '얼굴이 안돼 보이네, 어디 아파 보이네'라며 그만 빼라고 말리기까지 하니 그만해도 되겠다 싶더라고요.

바로 식단을 중지했죠. 그러고는 무턱대고 일반 음식을 먹어댔어요. 몸이 서서히 일반 음식에 적응할 시간을 주어야 했는데 그걸 몰랐던 거죠. 결과는 요요였습니다. 그 이후 더 쉬운 방법을 찾고 싶어서 한약, 양약, 다이어트 보조제 등을 먹어 보기도 했어요. 심지어 단식원까지 들어갔죠. 그렇게 굶어도 3kg 빼기가 쉽지 않더라고요. 결국엔 다시 과탄단 다이어트로 돌아왔어요.

과탄단 다이어트의 좋은 점

배불리 먹을 수 있음 »» 다이어트라는 게 체중과 씨름하는 고단한 일이잖아요. 거기에 배고픔까지 견뎌야 한다면 여기까지 올 수 없었을 것 같아요.

체력이 좋아짐 »» 60세가 넘으니 여기저기 아프다는 친구들이 늘어나고 있는데, 오히려 저는 점점 체력이 좋아짐을 느껴요. 지하철이라도 타려면 당연하게 엘리베이터를 이용할 나이인데, 저는 크게 힘들이지 않고 계단을 오르곤 합니다. 급할 때

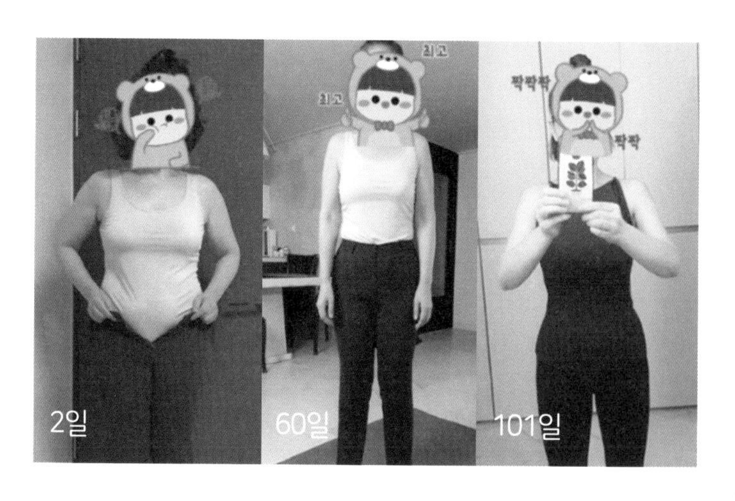

는 3층까지도 빠르게 달려가요. 젊은 분들도 힘들어하는 수동 러닝머신을, 61세인 나이에도 40분씩 거뜬히 한답니다.

건강한 입맛 »» 나이가 들수록 염분이 많은 짭짤한 음식을 찾기 마련인데, 저는 그렇지 않아요. 식단을 진행하면서 입맛이 교정된 덕이지요. 싱싱한 과일과 든든한 고기도 듬뿍 먹으니 굳이 자극적인 음식을 찾을 필요가 없어졌어요.

힘든 점

운동 »» 초반엔 저도 러닝머신 위에 오르기까지가 고비였어요. 사회생활을 바쁘게 하는 편이어서 이런저런 핑계로 '할까 말까'와 싸우던 때가 많았죠. 하지만 이제는 습관이 되어서 운동을 즐기고 있어요. 점점 힘이 솟는다는 걸 느낄 정도니까요.

시작을 고민하는 분들께

이 나이에 무슨 다이어트냐고 하는 분들이 계시겠지요? 가만히 있어도 힘든 나이에, 무슨 식단이며 무슨 운동이냐고 하실 수 있죠. 하지만 병마와 싸우며 병원 침대 위에서 보내는 노후를 상상해 보세요. 어느 것이 더 힘든 시간일까요.

그것에 비교한다면야 이 정도의 수고는 힘든 일도 아니죠. 오히려 가치 있는 투자라고 생각해요. 몸에 좋은 음식 먹어 가며 가벼운 몸도 얻게 되잖아요. 그 덕에 매사에 적극적으로 임하게 되고요.

환갑을 맞이하면 하던 일도 정리하고 은퇴 준비를 하는 것이 당연한 일인데, 오히려 저는 더욱 왕성한 생활을 하고 있어요. 새로운 사업도 시작했고요. 여기에 과탄단 분리식단이 큰 역할을 했다고 생각해요. 저랑 참 잘 맞았거든요. 그래서 저는 이 식단에 무한한 신뢰를 갖고있어요.

지금도 몸이 좀 무거워진다 싶으면 망설임없이 식단을 시작하고, 원하는 몸을 만들어요. 적당히 보기 좋은 현재의 52~53kg 체중이 참 만족스러워요. 원하는 옷을 불편 없이 모두 입을 수 있으니까요. 비싼 화장품, 비싼 미용시술에 욕심낼 필요도 없어요. 어디를 가든 나이보다 훨씬 젊게 봐 주거든요. 그래서 더 당당하고 기분 좋은 일상을 보내고 있답니다.

이 외에도 과탄단 다이어트 체험 후기를 제공해 주시고자 했던 분들이 많았지만, 부득이 모두 싣지 못한 점 죄송스럽게 생각하는 바이다. 어려운 부탁에 선뜻 도움을 주시고자 했던 따뜻한 마음에 대해 감사를 전한다.

점쟁이도 단언했던 '평생 뚱뚱할 팔자'

'쇄골'이라는 부위를 발견하는 날이 오리라고는 상상해 본 적이 없습니다. 느껴 본 적도 없고 만져지지도 않던 부위라서 '혹시 내 몸엔 누락된 건가?' 싶을 정도였으니까요. 쇄골이란 앞뒤가 시원하게 패인 드레스를 입은 여배우에게나 있는 뼈인 줄 알고 살아온 사람은 혹시 저뿐인가요?

먹고 싶은 만큼 실컷 먹었을 뿐인데 저의 몸에는 그동안 없던 부위가 자꾸 생겨났습니다. 통통하게 살이 올라 먹음직스러워 보인다는 칭찬을 받던 손등, 강력한 파워가 느껴져서 밤길이 참 안전하겠다며 부러움을 사던 무릎에 생소한 뼈들이 도드라지기 시작했거든요. 그 무렵 주변에서는 '제발 그만 빼라, 아파 보인다'며 난생처음 다이어트 중단을 종용하는 일까지 생겨났습니다. 인생을 두 번 사는 기분이라는 것이 무엇인지 제대로 느꼈지요. 그도 그럴 것이 족집게 무당마저 '평생 뚱뚱할 사주팔자'라고 판정했던 인생이었거든요.

평생 날씬하기도 어려운 시대

날씬하게 타고났던 몸도 뚱뚱해질 수 있습니다. 앞서 언급했던 저의 친오빠가 그렇습니다. 평생 호리호리할 것만 같았던 오빠는 제가 책을 마무리하는 시점이 되자 과거의 제 별명이었던 '뚱땡이'가 되었습니다. 약속 장소에서 서로를 몰라보는 난감한 상황이 벌어질 정도였지요. 비결(?)이 뭔지 물어보니 '아침엔 귀찮아서 굶고, 점심은 편의점에서 간식거리로 때우고, 저녁은 배달 음식으로 해결했다.'고 알려주었습니다. 음식과 함께 콜라, 사이다도 꼭 먹어 줘야 이 정도 몸이 될 수 있다는 조언도 함께 말이지요. 지난 3년간 코로나 시대를 겪은 여러분들도 충분히 공감하는 '증량 식단'일지도 모르겠네요.

평생 날씬한 삶이란 보장받기 어렵다는 것을 그의 몸으로 확인하게 되는 값진 순간이었습니다. 시대와 환경이 달라진 것도 큰 이유라는 생각입니다. 전자레인지나 에어프라이어만 있으면 10분 내외로 식사를 해결할 수 있는 반조리 가공식품이 어디에나 있고, 전화 한 통이면 메뉴가 무엇이 되었든 달고 짭짤한 배달 음식을 편안히 먹을 수 있는 시대니까요. 이렇게 편리한 시대를 만나자 '자꾸 뚱뚱해진다'며 하소연하는 사람들이 나타나는 것은 우연이 아니라는 생각입니다.

시력이 나쁘면 안경을 쓰듯

독자님들 중에는 '아니, 이렇게나 가려 먹고 어떻게 사냐'며 저에게 항의하는 분도 계시리라 생각합니다. 하지만 시력이 나쁜 눈에 안경이 필요하듯, 살이 잘 찌는 체질에도 안경 같은 식단이 필요하다고 생각하면 어떠실까요. 체질을 선택해서 태어날 수는 없는 노릇이니 보조 수단이라도 활용한다는 관점으로 말이지요.

초등학교 무렵 저의 시력은 1.2였습니다. 저를 포함한 가족들 모두 좋은 시력을 갖고 있었지요. 하지만 중학교에 입학할 무렵부터 저만 유독 시력이 나빠졌고, 마흔이 한참 넘은 지금까지 안경을 쓰고 있습니다. 아마 100세가 되어도 제 코에는 안경이 걸쳐져 있을 거라 예상되네요. 종종 '그렇게 오랫동안 어떻게 안경을 쓰고 살았냐'는 소리를 듣곤 합니다. 하기야 여름엔 땀이 차고, 겨울엔 성에가 끼는 것은 지금도 불편하지요. 하지만 앞이 안 보이는 불편함에 비하면야 그 정도는 얼마든지 감수할 수 있기에 '안경 생활'은 저에게 큰 문제가 아닙니다. 이제는 신체 일부처럼 느껴질 정도니까요. 과탄단 다이어트도 비슷한 맥락으로 생각해 보면 이해가 쉬워질까요. 저에게는 가려 먹는 번거로움보다 뚱뚱함이 주는 고통이 훨씬 힘들었거든요.

과탄단 다이어트를 지속해 온 지 어느덧 2년이 지났습니다. 물론 지금도 여전히 다이어트를 하고 있지요. 이젠 다이어트라기보다 '당연한 일상'이라고 해야 맞는 말이지 싶네요. 집필 도중 자전거 사고를 당하고서도 식단을 유지하는 것이 힘겹지 않을 정도였으니까요. 다른 비결이 있었던 것이 아니고 '입맛 교정 & 습관 교정'이 되어서였지요. 생각해 보니 누구는 식후에 매일 먹는 캐러멜마키아토를, 입에도 대지 않고 산 지가 햇수로 3년이네요. 그래서 그런 일상들이 행복하냐고요? 마냥 행복하다고 말하면 거짓말 아닐까요. '큰 불편 없다'는 표현이 가장 진실에 가깝다는 생각입니다.

뜨거운 여름날 편의점에 앉아 캔맥주와 오징어를 실컷 뜯고 마실 수 있고, 뭔지 모를 공허함을 달래고 싶을 때는 고민 없이 치킨집에 전화를 걸어도 됩니다. 그런 뒤끝 없는 행복을 마음껏 누릴 수 있다는 게 무척 좋습니다. 아무거나 먹으며 몸도 마음도 괴로웠던 지난날에 비하면, 오히려 먹지 말아야 할 것이 많은 지금이 훨씬 자유롭게 느껴질 정도랄까요.

물론 다이어트 중 처참히 무너진 적도 있었습니다. 달콤한 물엿과 매콤한 양념이 잔뜩 버무려진 그 자극적인 맛을 잊지 못하고 양념 치킨을 실컷 먹었지요. 하지만 희한하게도 그날 밤은 인생에 손꼽는 악몽이 되어 버렸습니다. 분명 수십 년간 아무렇지 않게 먹어 왔던 음식인데 말이죠. 그 이유는 몸이 변하고 있는 덕분이었어요. 설탕, 물엿, 화학조미료를 끊고 자연의 음식으로 길들고 있던 저의 몸은, 더 이상 세상의 음식들을 반기지 않았던 거죠. 물엿으로 뒤범벅되어 있던 양념 치킨은 사막에서 오아시스를 찾아 헤매는 듯한 갈증을 불러왔습니다. 밤새 몇 리터의 물을 마셨는지 모를 정도였지요. 과거 딸과 함께 자주 즐겼던 맵기로 유명한 배달 떡볶이도 이젠 고통이 된 지 오래입니다. 이런 음식을 평생 먹을 뻔했다고 생각하면 지금도 아찔할 지경이에요. 그러니 세상 음식과 싸워야 하는 일이 드물게 되었습니다. (없다 아니고 드물다가 솔직한 심정입니다.)

여러 다이어트를 경험해 본 저는 '기적의 식욕 억제제, 마법의 체중 조절 식품은 세상에 없다.'는 결론에 이르렀습니다. 식욕 억제제보다 훨씬 강력한 것이 자연이 준 음식임을 온몸으로 체험하며 감량에 성공했으니까요.

이 책으로 인해 단번에 다이어트에 성공할 수 있다면 더할 나위 없이 좋겠지만 쉽지 않은 일임을 잘 알고 있습니다. 저야말로 누구보다 많이 넘어져 봤기 때문이지요. 하지만 일단 시작해 보시길 간곡히 부탁드리고 싶습니다. 작심삼일, 작심 일주일이 중요한 것이 아니고, 잘못된 다이어트 상식에서 벗어날 수 있는 뜻깊은 경험이 될 거라 확신하기 때문입니다. 결국엔 그 경험이 '진정한 다이어트'로 안내하는 디딤돌 역할을 톡톡히 해 줄 테니까요.

'원하는 몸'을 만드는 일은 오직 나만이 할 수 있습니다. 세상 그 누구도 나를 대신해 줄 수 없음을 잊지 마셨으면 합니다. 스스로 겪어 내는 온전한 시간이 많이 쌓일수록 그 시간은 빨라집니다.

날씬해지고 싶다는 간절한 소망으로 수술대에 눕기로 결심한 누군가가, 수술보다 먼저 이 책을 발견해 주었으면 좋겠습니다, 부디.

감사한 마음을 전합니다

혼자서는 엄두를 내지 못했을 다이어트 대장정에 함께해 주신 네이버 카페 '살잡이' 회원님들께 제일 먼저 감사의 인사를 드립니다. 회원님들 덕분에 외롭지 않은 다이어트가 가능했습니다. 특히 후기 제공해 주신 분들께 다시 한번 깊이 감사드립니다. 덕분에 저의 다이어트가 '진짜'라는 것을 입증할 수 있었습니다.

주먹구구식이었던 분리식단을 체계적인 레시피로 개발해 주신 살잡이 오윤호 대장님께 깊은 감사를 드립니다. 세상과 타협하지 않는 올곧은 식단으로 저의 다이어트 인생에 마침표를 찍게 해 주셨습니다.

초보 작가를 세상에 내놓기 위해 진심을 다해 마음 써 주신 도서출판 비엠케이의 안광욱 대표님과 관계자분들께 감사드립니다. 여러분을 만나지 못했다면 저의 이야기는 아무에게도 들려주지 못할 뻔했습니다.

삽화를 정성껏 그려 주신 조아진님께 감사드립니다. 에너지가 고갈되어 힘들 때마다 신선한 아이디어로 힘을 보태 주셨습니다.

글 쓰는 삶을 방황 없이 시작하도록 도와주신 이은대 작가님과, 자이언트 회원 여러분께 감사드립니다. 매일 울려 대는 성실한 단톡방 덕에 포기하지 않을 수 있었습니다.

다이어트하랴 책 쓰랴, 누가 시키지 않은 짓 하느라 예민하게 굴었던 저를 묵묵히 견뎌 준 가족에게 감사의 마음을 전합니다. 저녁 식사로 치킨을 너무 자주 배달시켜서 미안했습니다.

그리고, 다이어트를 결심한 2021년도의 나 자신에게 감사의 마음을 전합니다. 원하는 삶을 살기 위해 열심히 노력해 주었습니다.